利益を生みだす

「環境経営」のすすめ

Wellcom to Gaia Satisfaction Managment.

NGO 環境パートナーシップ協会会長
立山裕二
Yuji Tateyama

SOGO HOREI PUBLISHING CO., LTD

プロローグ

地球環境問題への関心が高まっています。特に地球温暖化（気候変化）については、異常気象の増加や旱魃《かんばつ》被害を見聞きし、「最悪の事態にならないうちに行動しよう」という人が増えてきました。一方で、「温暖化なんて大した問題ではない」とか「温暖化は自然現象である」などの反論や懐疑論を説く人も現れ、世間に混乱が生じています。

たしかに科学的に１００％証明されたわけではありません。しかし反論や懐疑論も証明されたわけではなく、むしろ科学的には却下されたものが多いのです。

世界の趨勢《すうせい》としては、「事が起こらないような対策を立てて実行する（予防原則）」、「その時になって後悔しないような政策を立て実行する（ノー・リグレット政策）」という方向に進んでいます。人間として当然のことだと思います。さらに、「たしかに太陽活動の変化などの影響もあるが、まずは人間活動が原因だと謙虚に受け止めるべき」という意識も広がってきています。

地球温暖化の原因は人間活動

２００７年に公表されたＩＰＣＣの「地球温暖化第四次レポート」では、「２０世紀半ば以降に観測された世界平均気温の上昇は、人間活動による発生確率が９０％を超える」とし、ほぼ人間の活動が原因であると結論づけています。

ちなみに「ＩＰＣＣ」とは、「気候変動（気候変化）に関する政府間パネル」のことで、１９８８年に国連環境計画（ＵＮＥＰ）と世界気象機関（ＷＭＯ）が共同設立した国連組織で、世界の科学者が多数集まって構成されています。２００７年度のノーベル平和賞に元アメリカ副大統領のアル・ゴア氏と共に選ばれています。

さて、ここでネガティブに考える人は「人間の活動が原因＝人間が悪い」と解釈するでしょう。「人間がいなくなればすべて良くなる」と考える人もいるでしょう。

しかし、私は「人間が原因であれば、人間が解決できる可能性がある」とポジティブに受け取っています。「自然現象が原因であれば、人間は何もできず状況の進行をただ手をこまねいて見ているしかない」ことになるからです。

ＩＰＣＣの結論は、素晴らしいメッセージだと思います。いま私たちに必要なのは、「地球温暖化（環境問題）の責任は人間にある」と謙虚に受け取る勇気と、解決に向けて知恵を出し、行動する実践力ではないでしょうか。

企業としてできることは「環境経営」の実践

地球温暖化の原因が人間にあるならば、人間の集合体である企業にも責任があります。企業は企業活動の中で環境の保全や改善に努めなければなりません。

しかも、もう1つの責任としての「ゴーイング・コンサーン」、つまり「企業活動の継続」と両立させていかなければなりません。

その効果的な手段として、「環境経営」の実践をお薦めします。

環境経営とは、簡単に言えば「環境に配慮した経営を行うこと」です。一般的には、「企業のあらゆる活動に環境という視点を優先的に持ち込み、環境保全と経営の両立を図ること」と考えられています。

もちろんこれでいいのですが、私は次のように定義し、少し具体性を持たせています。

> 環境経営とは、①地球上のあらゆる生態系および社会の持続性を確保するために、②循環の視点に立ち、③資源量・廃棄場所・自浄能力という地球の有限性を考慮し、④企業収益と環境保全とを両立させながら、⑤自社にとっての持続性を確保するために行う経営の諸活動である。

この定義はかなり広い観点で環境経営を捉えており、「サステナブル経営（持続可能な経営）」と言い換えることもできると思います。

大切なことは、「企業と地球いずれにとっても持続可能でなければならない」ということです。


本書では、企業と地球が共に持続可能になるための『環境経営』について紹介しています。第1部で環境経営の実践を阻んでいる「思いこみ」を解消し、第2部で具体的事例を交えて「環境経営を実践するための方法」を学ぶという構成になっています。

環境経営に関する用語や技法もたくさん出てきますが、何よりも「考え方」や「知恵」を重視しています。「サービサイジング」などの新しい言葉も、「もったいない」とか「足るを知る」など古くからある知恵を現代に蘇らせたものです。そんな古くて新しい「環境経営」を楽しみながら学んでいただけたらと思います。

環境経営は決して難しいものではありません。企業規模の大小に関わらず、どこでも取り組め、かつ利益を生み出す源泉になり得るものです。

『目からウロコだ！』

『何だそういうことだったのか！！』

『環境経営って簡単なんだ！　わが社でもできるんだ！』
『偉大なる知恵は外ではなく内にあるんだな！』
『社長からパートさんまで、みんな環境（社会）に貢献できるんだ！』
『何だか勇気が湧いてきたぞ！』
『いまから何か1つでも取り組んでみよう！　何だかワクワクしてきたぞ！』

読み進めるうちに、このような実感が湧いてくるはずです。

本書のタイトルにある「利益」には、「ご利益《りやく》」という本質的な意味があります。もちろん金銭的利益《りえき》は大切なことですが、「世の中へのお役立ち」の結果として考えたいものです。儲けの本質は「人儲け《ひともう》」と言われます。多くの人に喜んでもらう「人儲け」の蓄積によって「徳儲け」し、その結果「ご利益」として金銭的利益がついてくるというわけです。

何だか古くさくて理想論のようですが、これは長きにわたって繁栄している企業に共通する経営哲学です。

環境問題が深刻化している現在こそ、企業は真に世の中に役立つ社会的存在になるべきです。そして、環境経営はその手段として大いに役立つものなのです。

本書によって、環境経営が身近なものと感じられるようになり、環境貢献と経営の両立に成功する企業が続出することを願っています。

なお、「地球温暖化の情報が飛び交っているけど、いったい何が正しいの?」「リサイクルは地球に優しいの?」など環境問題に関する疑問をお持ちの方は、前著『目からウロコなエコの授業』(総合法令出版)をご覧ください。こちらも書名通り、「目からウロコ」の体験をしていただけると思います。

最後になりましたが、執筆に際して数多くの示唆を与えていただいた先駆者・賢者の皆様、心を込めて編集してくださった総合法令出版の高麗輝章さん、そして最愛の家族に心からの感謝の気持ちを捧げたいと思います。ありがとうございました。

2009年2月11日　立山裕二拝

目次

プロローグ

第1部　こんなにある環境経営に対する思いこみ

第1章「必要性はわかるけどね」……14

第2章「わが社に環境ビジネスは向いていない」

（1）「環境ビジネス＝公害防止ビジネス」という思いこみ……17
（2）現状の「環境ビジネス」……18
（3）環境ビジネスの市場規模予測……24
（4）これからの環境ビジネスとは？……30
（5）現在でも環境ビジネスの市場は３００兆円……33
（6）環境ビジネスの顧客層……34
（7）環境（地球）に優しくない商品は市場から淘汰される……44
（8）これからの環境ビジネスの役割……45

第3章「地球に優しい商品では価格競争に勝てない」

（1）地球に優しい商品（エコプロダクツ）で価格競争に勝つ方法 …………50
（2）薄利多売方式の終焉 …………52
（3）2枚の絵の話 …………53
（4）資源はたくさん使えば高くなるのが自然 …………55
（5）これからの経営戦略 …………57

第4章「環境対策に取り組むと企業が成り立たない」

（1）廃棄物を捨てることはお金を捨てること …………62
（2）発想トレーニングをしてみましょう …………64
（3）環境経営に取り組むメリット …………71
（4）「整理整頓」も環境対策 …………81
（5）ゴミも廃棄物も資源 …………83
（6）乾いた雑巾を絞る …………86

第5章「リサイクルしても意味がない」

（1）リサイクルに関する混乱 …………89
（2）企業もリサイクルは避けて通れない …………102
（3）企業に課せられた「拡大生産者責任」とは？ …………103

（4）リサイクル（再資源化）はサイクル社会への一里塚 …… 105

第6章「環境ＩＳＯの認証を受けているので地球に優しい」

（1）環境ＩＳＯとは？ …… 114
（2）継続的改善の意味 …… 115
（3）たとえば、コピー用紙の削減について …… 116
（4）ＩＳＯ１４００１に取り組むメリット …… 120
（5）ＩＳＯ１４００１のデメリット …… 123
（6）ＩＳＯを活かすために …… 125
（7）ＩＳＯ１４００１の導入を成功させるために …… 126

第7章「想いが伝わらない」

（1）よいものが伝わらないわけ …… 132
（2）伝えようとしたものではなく、伝わったものを情報と言う …… 136
（3）環境コミュニケーションの基本は「傾聴」 …… 137

第8章　第1部のまとめ …… 142

第2部　サービサイジングともったいないを極める

第1章　サービサイジング

(1) サービサイジングとは？……148
(2) サービサイジングの成功事例① 株式会社ダスキン ～創業時からのレンタルシステム～……150
(3) サービサイジングの成功事例② パナソニック電工株式会社 ～あかり安心サービス～……153
(4) サービサイジングの成功事例③ サラヤ株式会社 ～トラスト支援商品で生活者も環境保全に参加～……156
(5) サービサイジングの成功事例④ トキワ精機株式会社 ～製造工程の革新～……160
(6) サービサイジングの成功事例⑤ 株式会社タクミナ ～使う側(ユーザー)の環境負荷も低減～……165

第2章　サービサイジングは「もったいないの心」から！

(1) もったいないの心……172
(2) もったいないとは？……173
(3) ビジネスにおける「もったいない」の2大潮流……174
(4) 「もったいない」と最近の企業不祥事……176
(5) もったいないの実践＝資源生産性の向上……178
(6) 企業にとっての「資源生産性」……184
(7) 資源生産性向上＝分離物を有価物にする割合を高くする……189

（8）エコデザインの導入で資源生産性をさらに高める……191

第3章　サービサイジングの課題と留意点

（1）いかに進化させていくか？……196
（2）定義にとらわれない……199
（3）サービサイジングの前に実践がある……199
（4）ＣＳＲの要素をいかに組み込むか？……200

第4章　日本の知恵を世界に発信する

（1）あるドイツ人紳士の叱責……211
（2）老舗から学ぶ『見えない知恵』……216
（3）西岡常一・頭領から学ぶ宮大工の知恵……219

エピローグ1　終了テスト……221

エピローグ2　ある経営者の決意……226

エピローグ3　感謝の気持ちで幸動する！……230
本当のエピローグ　自分で出したオモチャは自分で片づける……232

第1部

こんなにある
環境経営に対する
思いこみ

環境問題の解決は絶対必要。
だから環境経営に取り組まなければならない。
と口では言うものの、
中小企業を中心に取り組みをためらっている企業が多いようです。
その主な理由は「環境経営に対する思いこみ」、
特に「ネガティブな思いこみ」にあるようです。
これでは環境経営に取り組む動機づけにはなりません。
そこで第１部では、
世間に広がっている「環境経営に対する思いこみ」をいくつか取り上げ、
「思いこみの打破」を試みたいと思います。
環境経営、ひいては環境保全の進展を妨げている要因を
少しでも取り除くことができたら幸いです。

第1章「必要性はわかるけどね」

まずは、私が最も多く耳にする「思いこみの声」です。

①地球環境の実態を知らない、あるいは知らされていないので使命感が湧かない。
②環境経営に取り組むための、人材、資金が足りない。
③値下げ要求など、親企業や得意先からの締め付けがきついので、とても環境経営まで手が回らない。
④環境経営に取り組んでも儲からない。

実はこの①〜④については、拙著『「環境」で強い会社をつくる』(2001年1月：総合法令出版)にも書いています。しかし、現在でも多くの企業経営者が同様のことを考えているようです。

特に不況時には、「こんな大変な時期に環境経営に取り組む余裕などない。いま生き残れるかどうかが問題なのだ」という声があちらこちらから聞こえてきます。

まさか10年近くたって同じことを書くとは思っていませんでしたが、現実だから仕方ありません。

ここで改めて考えてみたいと思います。


しかし、これらの思いこみは「環境経営」に限ったことでしょうか。

過去を振り返ってみると、これらは「情報化」や「人財育成」などの必要性が叫ばれたとき、必ず出てくる「できない理由」であることがわかります。

①「情報化」の実態を知らない、あるいは知らされていないので使命感が湧かない。
②「情報化」に取り組むための、人材、資金が足りない。
③値下げ要求など、親企業や得意先からの締め付けがきついので、とても「情報化」まで手が回らない。
④「情報化」に取り組んでも儲からない。

「　」の中に人財育成、店舗のリニューアルなどを入れても同じことです。環境経営に限ったことではありませんね。

このように、いつの時代でも「できない理由（したくない、あるいは変わりたくない言い訳）」がまず前面に出てきます。しかし、必ず「できる理由」を探し出す努力をする企業が少数ながら出現します。そしてこれらの企業が、数年後に成功企業として脚光を浴びることになるのです。

情報化に取り組んで、成功した企業も失敗した企業もあります。人財育成に取り組んで活性化した企業も衰退した企業もあります。

同様に、環境経営に取り組んだとしても「必ず成功する保証」はありません。そこには、社風、コミュニケーション、財務体質など、経営の根幹にかかわる問題が複雑に絡み合っているからです。

しかし、どのような場合でも成功するにはとにかく「実践する」ことが第一なのです。

しかも、環境経営は何も特別なことをしようというのではなく、企業として当たり前のことを当たり前に実践すればいいのです。

では、どう実践するのでしょうか？

これから本書で、その方法やアイデアを紹介していきます。本気で環境経営に取り組み、企業の発展と環境改善の両方を実現してください。

第2章「わが社に環境ビジネスは向いていない」

(1)「環境ビジネス＝公害防止ビジネス」という思いこみ

環境ビジネスを公害防止（環境汚染防止）ビジネスと同じ意味に捉えている人も多いようです。

必ずしもまちがいではありませんが、これでは、せっかくの大きなチャンスを逃してしまいます。

公害防止ビジネスは、「ゴミ・廃棄物、排水、排煙」など「出てきた排出物」の処理に寄与する機器やシステムが中心になります。この際の処理技術を、煙突や排水管というパイプの先端から出てくるという意味で「エンド・オブ・パイプ技術」と呼ぶことがあります。しかし、出てきた排出物を処理する機器やシステムは利益を生み出すことが少ないので、「できるだけコストを削減したい後ろ向きの投資」と言えます。これでは購入する側にとっては「安ければ安いほど良い」ことになり、競合同士で「値段のたたき合い」になることは避けられません。

ここではまず、「公害防止ビジネスは環境ビジネスの一部である」とイメージしてみてください。そうすると環境ビジネスは、「出てきた排出物を処理する公害防止ビジネス」に「排出物を出さない資源生産性向上ビジネス」を加えたものになります。

さらに、「環境ビジネスは環境経営の一部であり、環境経営は企業経営の一部である」と考えることで、「環境ビジネスが企業経営のすべてに貢献する」可能性が見えてきます。

なお、「資源生産性向上」については特に重要なので、第2部で詳しく取り上げます。

話がややこしくなってきましたので、まずは現状の「環境ビジネス」から見ていくことにします。話が進むにつれて環境ビジネスの範囲を広げていきますので、心の器を広げておいてくださいね。

(2)現状の「環境ビジネス」

自分で使っておいて恐縮ですが、「環境ビジネス」という言葉は曖昧すぎます。これでは「環境は金儲けのネタになる」という考えだけが一人歩きしかねません。表面的には「環境に優しい」と標榜しておきながら、不況になった途端に手の平を返したように、自社利益のことしか考えない企業が出てくるでしょう。

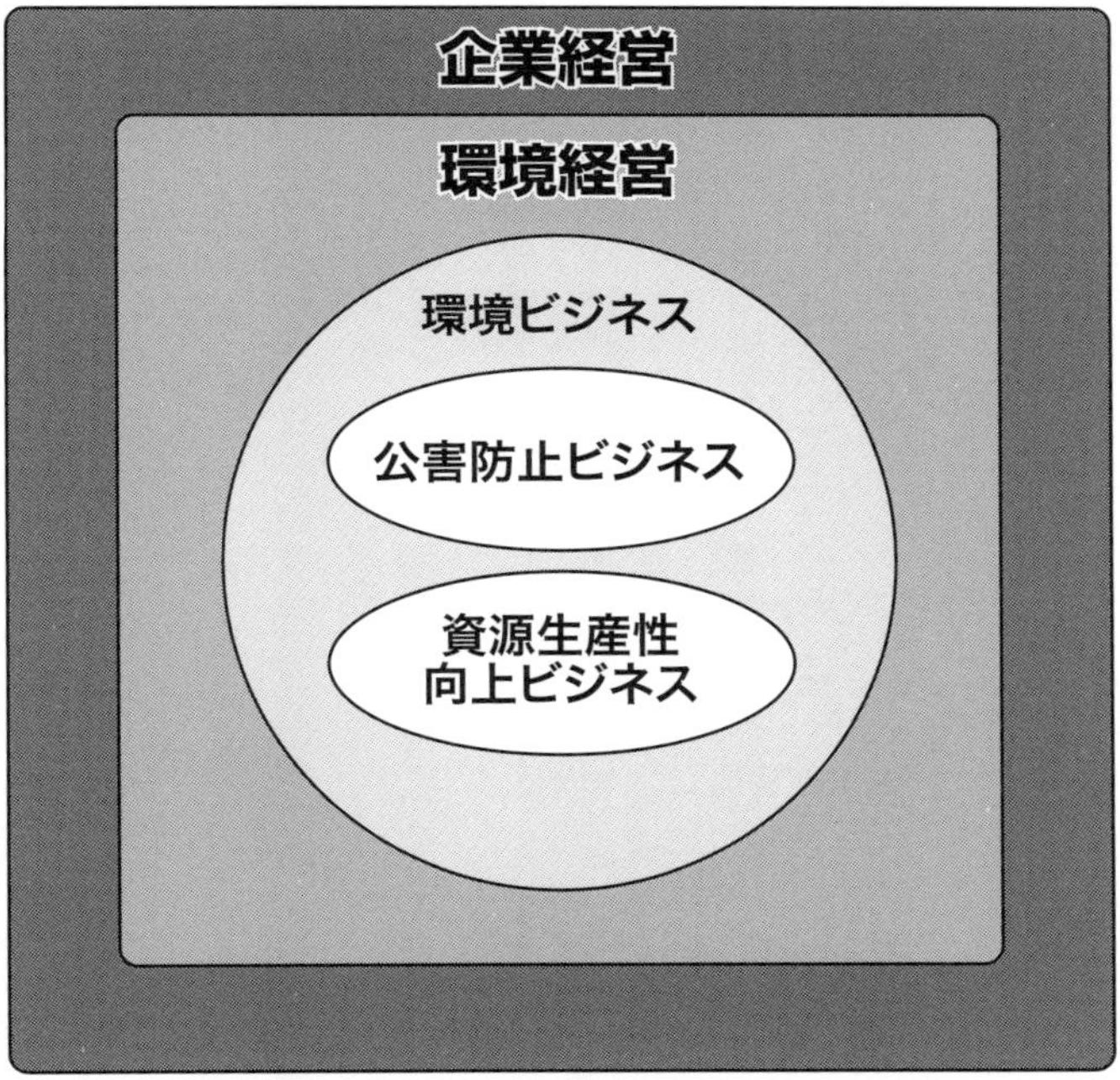

【企業経営と環境ビジネスの関係】

かつてバブルの絶頂期に、メセナやフィランソロピーといって社会貢献を華々しく打ち上げた企業がたくさんありました。しかし、バブルがはじけた途端に手のひらを返したように自社だけの利益確保に走るところが現れたことは記憶に新しいところです。

このような事態を避けるために、私は現状の「環境ビジネス」を「環境破壊ビジネス」「環境回復ビジネス」「環境創造ビジネス」の3つに分類するのが望ましいと考えています。

①環境破壊ビジネス

事業活動そのものが環境破壊に結びつくビジネスです。つまり、生産活動そのもの、あるいは生産物（製品・商品・サービス）が多かれ少なかれ環境破壊の原因になるビジネスのことです。

工場からの排煙や廃水、車の排気ガス、無計画な森林伐採、膨大な量の廃棄物。ある意味、すべての企業が「環境破壊ビジネス」を行っていると言えるかもしれません。とりわけ「自社利益第一主義」一辺倒で、公害対策費をマイナスの経費（何ら利益を生み出さない費用）としか見ない企業人がいまだに存在している事実は見逃せません。

しかし、環境問題の深刻さとボーダーレス化（全地球規模への拡大）が認識され、人々の環境保護に対する意識が高まりつつある中で、「環境破壊ビジネス」は急速に衰退するものと思われます。いや、衰退させなければなりません。

②環境回復（修復）ビジネス

文字通り、破壊された環境を回復させることを目的とするビジネスです。汚染された大気や土壌・海域・湖沼・河川の浄化、伐採された森林の再生などがあげられます。

もともと自然界には、微生物などの働きによって汚染物質を浄化する作用（自浄作用）があります。環境汚染物質を環境中に排出しなければ、現在蓄積されている汚染物質を浄化することができます。そういう意味で、廃水処理や排煙脱硫、廃棄物のリサイクルなど環境汚染物質の排出を抑制するためのビジネスも「環境回復ビジネス」に含めてもよいでしょう。

環境回復ビジネスは、現在でも「環境ビジネス」の主流であり、今後も発展し続けるでしょう。ただし「環境回復ビジネス」は、常にマクロの発想とシステム思考を心がけておかないと、二次公害の発生など結果として「環境破壊ビジネス」になってしまう懸念があります。

③環境創造ビジネス

その事業活動によって「自然と人間との共生を実現するもの」と定義したいと思います。環境を通じて新たな価値を創造するというものです。

現在のところ、「緑化ビジネス」がその代表です。しかし将来は、単に植林するだけでなく、林業と化学工業との融合といったバイオマス産業など、最新の科学技術と結びついた複合ビジネスが続々と登場することでしょう。

すでにグリーン・ケミストリー(グリーン・サステナブル・ケミストリー：169ページのコラム参照)の分野で、自然界に存在する酵素を活用した生産プロセスが生まれています。

従来は大量のエネルギーを使い、高温・高圧で化学反応を促進していました。しかし、酵素を使うことで常温・常圧で反応を進めることができます。

エネルギー消費は極めて少なくなり、耐圧仕様も不要になりますので、構造材などの資源が大幅に削減できます。「体育館くらいの設備を必要とした従来プロセスが、8畳一間くらいのスペースで実現した」という例があります。

また環境創造ビジネスには、新たなエネルギー源ということで「自然エネルギー(再生可能エネルギー)」部門も含まれます。

①環境破壊ビジネス

②環境回復（修復）ビジネス

- 大気、土壌、水、森林の再生
- 廃棄物処理、廃棄物リサイクル

③環境創造ビジネス

- 緑化ビジネス
- バイオマス産業
- グリーンケミストリー
- 自然エネルギー開発

⋮

【環境の視点からとらえた現状のビジネス】

地球上には環境問題以外にも大きな問題がいくつか存在しますが、そのほとんどすべてが地球環境問題と関係しています。とりわけ発展途上国における人口爆発問題はきわめて深刻です。食糧が底をつき飢餓に苦しむ地域のことを考えると、先進地域の資金力がどうしても必要になります。

地球の未来を考えたとき、適正な繁栄を志向する「環境創造ビジネス」の発展が不可欠になるでしょう。

(3)環境ビジネスの市場規模予測

ところで、環境ビジネスの市場は魅力あるものなのでしょうか。

ここしばらくは、「環境回復ビジネス」と「環境創造ビジネス」が環境ビジネスの主流であり続けるでしょう。「今後の環境ビジネス」については後で触れるとして、ここでは現状の延長線上としての「環境ビジネス市場」を取り上げることにします。

まずはグローバルな視点で、「世界における環境ビジネス市場規模」の予測を見てみましょう。

①世界市場は2020年までに年間2兆7000億ドルになる

「環境に優しい製品は、2020年までに生産高が倍増し、年間2兆7000億ドル（約286兆円：1ドル106円として）規模の市場になる」と国連環境計画（United Nations Environment Program：UNEP）は2008年9月、国連総会で報告しました。

UNEPは「環境に優しい製品」、そしてそれを生産する産業を「グリーン産業」と称していますが、これは「環境回復ビジネス＋環境創造ビジネス」と考えていいと思います。

この報告で、UNEPのアヒム・シュタイナー事務局長は「環境に優しい製品はもはやニッチ市場ではなく、世界規模の新興市場として数百万の雇用を創出している。世界の天然資源市場の現状がこの状況を後押ししている」と指摘しています。

あと数十年先には石油（他の再生不可能資源を含めて）が枯渇直前になり、コスト的に採算が合わなくなるでしょう。また100年先のことを考えると、太陽光・風力・波力・地熱などの「再生可能なエネルギー源」の進化発展を実現させなければならないのです。

②米国の「グリーン・ニューディール」政策

2009年1月、米国にオバマ政権が誕生しました。オバマ大統領は環境分野に力を注ぐことを表明し、その実行策として「グリーン・ニューディール政策」を提唱しています。

グリーン・ニューディール政策とは、再生可能エネルギー分野に今後10年間に1500億ドルを投資し、500万人の雇用を創出するというものです。「2025年までに米国のエネルギー供給量全体に占める再生エネルギーの比率を25%にする」という目標を掲げています。

具体的には、「太陽光発電と風力発電の生産量を3年間で倍増させる」「2015年までにプラグイン・ハイブリッド車100万台の普及を図る」「200万世帯の住宅に省エネ設備を導入する」「送電網の更新などの公共事業にも重点投資する」などを打ち出しています。

これによって環境・エネルギー問題への貢献と景気回復を同時に実現させようとしているのです。

③欧州でも再生可能エネルギーを推進

欧州諸国では、米国よりも早くから環境やエネルギー対策に取り組んでいます。

ドイツでは「再生可能エネルギー法(2004年改定)」で具体的な数値目標が2000年に設定されました。

短期的には「再生可能なエネルギーの割合を2010年までに2000年値の2倍に増加させ、国内総電力に占める再生可能エネルギー電力の割合を12・5%に高める」、中長期的には「一次エネルギーと電気の消費において、再生可能エネルギーを、2030年までに30%、2050年までに50%までに引き上げる」としています。現在は「2020年に温室効果ガス40%削減(1990年比)」という中期目標を掲げて法整備が行われています。

2008年には「気候保護パッケージ」と呼ばれる大型の気候保護対策を閣議決定しています。ドイツ政府は、これを「世界最大の気候保護対策」と自負しています。

具体的には、電力部門での「※フィードインタリフ改正」「※コジェネレーション法改

※**フィードインタリフ(FIT)**　再生可能エネルギーの普及を目的に、太陽光発電による電力などを一定期間高額の固定価格で買い取る制度のこと。欧州では導入が進んでおり、1キロワット時あたりドイツでは60・8円、スペインは70・4円、イタリアとギリシャが72円で買い上げています。韓国でも2006年に制度化されています。

※**コジェネレーション**　発電の際に出てくる廃熱を冷暖房や給湯などの熱源として利用することで、システム全体としての熱効率を向上させる技術のこと。熱併給発電とも呼ばれています。

正」、熱部門での「再生可能エネルギー熱法新設」、建築部門での「省エネルギー政令の改正」「大型のエネルギーリフォームへの助成プログラム」、交通部門での「車両税のCO_2ベース化」「貨物車両の高速料金のCO_2ベース化」「航空事業の排出量取引参入」などがあります。

これらの政策により、「2020年までに、再生可能なエネルギー源からの発電を現状の14%から最低30%に、再生可能なエネルギー源からの熱供給を現状の6%から14%に」といずれも倍増以上にするとしています。

重要なポイントは、「これらの対策を通して経済の活性化を図る」ということです。ドイツ国内では、すでに再生可能エネルギーの分野で250億ユーロ（約4兆円）の売り上げが発生し、25万人の雇用が創出されています。さらに「2020年までに再生可能エネルギー産業を2400億ドルと自動車産業を上回る市場に成長させ、25万人の雇用を創出する」と同政府は表明しています。

イギリス政府は「2020年までに1000億ドルを投資し、風力発電を7000基建設し、16万人の雇用創出を目指す」と発表しています。またフランス政府も、「環境分野の雇用創出計画を盛り込んだ法律を制定し、50万人の雇用を創出する」としています。

さらにＥＵ（欧州連合）全体としての総合的な政策も打ち出しています。

２００８年１２月のＥＵ首脳会議では、「包括的な気候変動対策」について最終合意に達しています。ここには、「２０２０年までに温室効果ガスの排出量を１９９０年比で最低２０％削減する」「全エネルギーに占める再生可能エネルギーへの依存度を２０２０年までに２０％に高める（２０２０政策）」「運輸部門の燃料に占めるバイオ燃料の割合を２０％に高める」などの目標が盛り込まれています。

④日本版グリーン・ニューディール構想

欧米の動きに追随して、アジア諸国でも新たな動きが出てきています。

韓国政府は、オバマ次期政権にならってグリーン・ニューディール政策の導入を決定しました。具体的には、「２０１２年までに５０兆ウォン（約３兆６５００億円：３８０億ドル）を環境に優しいプロジェクト（環境配慮型の輸送ネットワークづくり、省エネ住宅を２００万戸提供、河川浄化など３６件の事業）に投資し、９６万人分の雇用創出を目指す」という目標が打ち出されています。

また中国は、景気対策として２００９年から２０１０年の２年間で５８６０億ドルの資金を環境、エネルギー等の分野に投入すると発表しています。

日本も２００９年1月に「日本版グリーン・ニューディール構想」を発表しました。この構想は、「２０１５年までに環境ビジネス市場を２００６年の約1・4倍、１００兆円規模にし、雇用も８０万人増の２２０万人の確保を目指す」というものです。

しかし構想とはいうものの、「自治体の温暖化対策基金の拡充」「公共設備への省エネ設備導入支援」「消費者への省エネ製品の購入支援」などが検討されている程度で、長期ビジョンと具体性に欠けていると言わざるを得ません。

環境省は、２００３年5月に「２０００年には２９兆９千億円だった環境ビジネスの市場規模は、２０１０年には４７兆２千億円、２０２０年には５８兆４千億円になる」と推計しています。

また雇用規模については、「２０００年には７６万９千人だったものが、２０１０年には１１１万９千人、２０２０年には１２３万６千人になる」としています。

先の「日本版グリーン・ニューディール構想」は、これらの数字を上回るもので、その意味では評価できますが、具体的な実効策をいかに多く創出するかが課題となります。

(4)これからの環境ビジネスとは？

先に私は、現状の環境ビジネスを「環境破壊ビジネス」「環境回復ビジネス」「環境創造ビジネス」の3つに分類するのが望ましい、と書きました。

グリーン・ニューディール政策にしても日本の環境省にしても、「環境回復ビジネス・環境創造ビジネス」を「環境ビジネス」とイメージしているようです。

しかし、多くの人には「環境ビジネス＝公害防止ビジネス」という思いこみがあるようです。

これでは環境ビジネスの市場を過小評価してしまい、「わが社には関係ない」「わが社のような零細企業では無理」「コスト的に合わない」などの誤解が広がってしまいます。いや、すでに広がってしまっています。

ここでお願いがあります。

オバマ大統領が何と言おうと、環境省がどう定義しようと、専門家がどう説明しようと、いったん「いま描いている環境ビジネスのイメージ」を白紙にしてみてください。

そしてまず、「**公害防止ビジネスは環境ビジネスのほんの一部**」と信じましょう。

次に、「**排出物をどうするか**」と「**排出物が出ないようにするにはどうするか**」という両面で、いかに社会に貢献できるかを考えるのです。

そして、「**すべての商品とサービスに環境の配慮が必要**」、つまり「**市場のすべての製品**

とサービスが環境ビジネスの対象」と頭と心に再インストールしましょう。

こうしてできた商品やサービスを「**エコプロダクツ**」といい、このような商品やサービスを提供することを「(これからの) 環境ビジネス」とイメージするようにしてください。

オバマ大統領も日本の環境省も、環境ビジネスの市場を「2020年に○○兆円にする」とは言っていますが、やはり公害防止機器（出てきた排出物をどう処理するか）に偏っています。

しかし、2020年に「現在の環境ビジネスの定義がそのまま使われている」なんてあり得ませんし、そもそも2020年に「環境ビジネス」という言葉など残ってはいないでしょう。10年くらい前に「IC内蔵」と銘打った電化製品がありましたが、いまそのようなことを訴求しても「当たり前じゃないか」と言われるだけです。

環境分野でも、そうなるはずです。

これからは「サバイバル+リスク対応」がキーワード

初期の環境ビジネスは、「公害対策」が中心でしたが、その後は「健康」や「食」を包み込みながら発展してきました。これからは、これらに「サバイバル」と「リスク対応」が加わってくるでしょう。

この先、地球温暖化にともなう極端な気象現象の急増が予想され、災害時などの緊急時対策が大きなニーズになると考えられます。特に「飲料水」や「食料」の確保は、サバイバルの観点から多くの商品・サービスを生み出すでしょう。

また現在は大都会を中心に遠方の発電設備に頼っていますが、暴風や激震による送電設備の大量倒壊の可能性を視野に入れておかなければなりません。台風の大型化や震災などの災害時の長期停電リスクに備えて、エネルギーの地産地消が進むと思われます。それにともない、自然エネルギー（再生可能エネルギー）関連ビジネスが現在以上に進展するはずです。

この市場ではコストの比較だけでなく、「リスク対応（リスク管理）」の観点から訴求することが不可欠です。

(5)現在でも環境ビジネスの市場は300兆円

おそらく「環境ビジネス」「環境経営」「環境教育」といった言葉からも環境という文字が消え、それぞれ「ビジネス」「経営」「教育」に戻っているでしょう。もはや環境配慮は当たり前で、2020年にそうなっていなければ、ますます地球環境が深刻になっていることに他なりません。

「すべての商品、すべてのサービスに対して環境配慮が必要」ということは、少なくとも国民総消費分が対象になります。つまり、潜在的な環境ビジネス市場は国内だけでも「現時点においても300兆円規模」です。

もちろん、グリーン・ニューディール政策によってもかなりの市場が拡大すると思いますが、「環境ビジネス＝公害防止ビジネス」という思いこみを外すと、一気にビジネスチャンスが広がるのが実感できるはずです。

(6)環境ビジネスの顧客層

環境ビジネスの潜在的な市場規模を300兆円と見たとき、その顧客層は格段に広がります。

その分類については様々な方法がありますが、私は以下の6つの層を想定しています。

①グリーンコンシューマー層

グリーンコンシューマー（以下GC）とは、一般には「環境のことを考えて買い物をする生活者」という意味です。わが国のGCは、（定義によって異なりますが）わずか1％と言われています。

しかし1％は日本全体で見ると120万人に相当します。子どもやお年寄りを除いたとしても50万人を超えるでしょう。GCが1％増えるだけで、新たに50万人規模の市場が生まれることになるのです。

また日本のGCは、まだ仲間が少ないことをよく認識しており、ネットワークを大切にしています。何か良い情報があると、クチコミ・ファックス・インターネットなどで仲間に知らせようとします。ネットワークでつながっているGC層は、1％とはいっても凝集度は非常に高く、商圏は全国規模（ひいては世界規模）なのです。

GC層は「**環境に良い物は高くても購入する**」という意志を持っているので、少数ロットでも利益確保が可能です。大量生産は必ずしも必要ないので、設備投資も少なくて済む可能性があります。

この市場では、たとえ高価であったとしても「社会全体の**環境負荷を著しく低減**させる商品」「一度買えば**半永久的に使用**できる商品」「**使えば使うほど味が出てくる**商品」などが脚光を浴びることになるでしょう。

ただしGC層は地産地消を心がけている人が多いので、大量のエネルギーを消費する輸入品を避ける傾向があります。輸入せざるを得ない場合は、※フェアトレードによって産地の人々の自立を支援したり、売り上げの一定額を原産地の自然保護に活用するなど、環境保全に力を注いでいることを実践で示すことが不可欠です。

②生活改善志向者層

文字通り、「生活状態を改善しようとする人たち」「生活を楽にしたいと思っている人たち」のことです。リストラ・失業、年収のダウン、将来に対する不安……。大変な勢いで、生活改善志向者が増加しています。

生活改善志向者は、現時点ではGCに比べるとはるかに多く存在します。彼らを貢献対象とした環境マーケティングのキーワードは、ずばり「**省エネルギー**」「**長寿命**」です。「省エネルギーで電気代・ガス代・水道代などが安くなる」「長寿命製品を購入することでトータルコストを大幅に低減できる」

※**フェアトレード**　発展途上国で生産された作物や製品を適正な価格で継続的に取引することによって、生産地の社会的持続性と自立を支援するとともに、生産者の持続的な生活向上を支える仕組みのことを言います。

これは、エコプロダクツがGCのみならず、圧倒的多数の人に訴求できることを意味します。すでに工場やビルの省エネルギーに関する包括的なサービスを提供するESCO《エスコ》（Energy Service Company）事業が出現していますが、一般家庭にも広がりつつあります。

要はマーケティング手腕次第です。自社の製品やサービスをいかに広く周知徹底させるかが問われるのです。

幸い、インターネットが凄まじいスピードで普及しています。ホームページで「この商品を使うと、家計が楽になる」ということをかっこよく伝えることができれば、顧客の拡大につながるでしょう。

③ダウンシフター層

ダウンシフターとは「減速生活者」のことで、「浪費と働きすぎの悪循環を断ち切り、精神的に豊かでゆとりある生活を楽しもうとする人たち」のことです。

ダウンシフターは豊かな先進国にしか存在しないと言われています。価値観の最大の特徴は、「現在の自分の生活には無駄なものが多すぎる」「多少収入が減ってもゆとりのある生活がしたい」と思っていることです。

「消費を減らして節約する」という意識の点では、前述の「生活改善志向者」と同じに見えますが、「裕福で高い購買力を持ちながら、あえて消費しない」というある意味で**「足るを知る人々」**といえます。

ダウンシフターは、すべての消費を悪と考えているのではなく、**「自分にとって価値あるもの」**ならば出費を惜しまない傾向があるようです。

環境に配慮することが「自分にとって価値あるもの」という意識を醸成することで、グリーンコンシューマーと同等の顧客層に転換する可能性が大きくなるでしょう。

④LOHAS(ロハス)層

LOHASとは、「Lifestyles of Health and Sustainability」の頭文字をつなげた略語です。つまり、**「健康と持続可能な社会を心がける生活スタイル」**のことで、ロハスまたはローハスと言われています。前述のダウンシフターと共通点が多く見られます。

この新しい意識・価値感を持つ人々は「カルチャラル・クリエイティブス」と呼ばれ、**エコロジー**や**地球環境**、**人間関係**、**平和**、**社会正義**、**自己実現**や**自己表現**に深い関心を寄せたライフスタイルを実践しています。

これまでのような大量生産・大量消費・大量廃棄を続けていては資源の枯渇や環境破

壊が進み、地球としてだけでなく経済や社会の持続性が維持できない、と考える人が増えてきています。

とは言っても、「昔に戻るのはイヤ」「貧乏くさいのはイヤ」「我慢するのはイヤ」「過激な環境運動はイヤ」という本音も満たしながら、「**オシャレで格好良く**ロハス的な生き方をしよう」と考え、実践する人たちが世界中で拡大してきています。米国ではこのような人たちが全人口の30％を超えているとされています。EU諸国でも約35％がロハス層を形成していると言われています。

市場規模としては調査機関によって差異がありますが、米国のナチュラル・マーケティング・インスティチュート（NMI）は、「米国の2005年のロハス市場が2090億ドル（1ドル100円として約21兆円）となった」と発表しています。

内訳としては、パーソナルヘルス（有機食品、サプリメント、代替医療、ヨガ、メディアなどを含む）が1180億ドル、エコツーリズムが242億ドル、代替エネルギーが44億ドル、ハイブリッド車・バイオディーゼル車・カーシェアリングなどが61億ドル、グリーン建築が479億ドル、ナチュラル・ライフスタイルが106億ドルとなっています。

もともとエコや「もったいない」という発想を持つ日本はロハス的な考えを受け入れ

やすい土壌です。いまや国内でのロハス市場は10兆円を超え、10年後には20兆円になるという予測もあります。

ただ欧米のものまねではなく、日本の伝統とオリジナルを加味して進化させ、世界に発信する必要があると思います。

⑤アップビルダー層

アップビルダーとは、「競争社会の勝ち組に入りたい」「社会的な地位や名誉がほしい」という**上昇志向の強い人たち**です。高学歴の30〜40代の男性が中心で、企業の経営者や管理職に多く見られます。高収入・高支出で消費意欲も旺盛であるため、企業にとっては最も魅力的な層といわれています。

彼らは、**現代消費社会を支えている人たち**ですが、一方では、**環境負荷の大きい人たち**でもあります。非難するのは簡単ですが、それよりも彼らの特徴を活かすことの方を強く考えるべきでしょう。彼らの購入動機と購入行動が変わることで、市場構造がガラッと変わる可能性があるのですから。

これからの企業にとって※トリプルボトムライン、つまり経済・環境・社会への貢献が最大のテーマになり、当然、求められる社員像も変わります。抜け目のない彼らは、その変化に追随することでしょう。環境行動がステイタスとなるのです。

アップビルダーは、エコプロダクツ市場にとって、とてつもなく魅力的な顧客層ではないでしょうか。

⑥団塊の世代層

ニューフィフティ（新しい50代）と言われる「団塊の世代」が、まもなく定年を迎えます。彼らの関心事が、①自分自身の健康、②家族の健康、③お孫さんのこと、であることは言うまでもありません。

環境問題は自分の健康だけではなくお孫さんの世代にも大きな悪影響をもたらすものです。

そうであれば、健康問題を切り口にして環境問題を考えることも可能になります。健康問題で彼らの注目を集め、「地球環境問題がすべての人の健康を阻害しており、あなたの家族やお孫さんが生きていけなくなるかもしれません」と信頼性のあるデータをもと

※**トリプルボトムライン**　近年重要になりつつある3つの企業評価の指標のこと。①経済的にきちんと利益を上げ（経済貢献）、②環境に対して配慮し（環境貢献）、③社会に貢献（社会貢献）していることを言い、対外的に「持続可能な社会に貢献する企業（サステイナブル・カンパニー）」として評価される。

に説明するのです。

こうして、**他人ごとから自分ごとへと意識を転換**してもらうことで、地球環境問題解決の担い手として変身するではないかと思います。そのとき、彼らはエコプロダクツの応援団として、環境ビジネスの発展に大いに貢献することでしょう。

以上、環境ビジネスの顧客層をご紹介しましたが、「多くの日本人が6つの内のいずれかに属している」ことがわかります。

「環境ビジネスは300兆円市場」というのは、夢物語ではなく「あり得る話」なのです。もちろん一気に300兆円に達するわけではなく、市場は徐々に拡大します。中小企業でも、もともと小さい市場を徐々に拡大していくプロセスを通じて成長することが可能です。

この意味で小規模市場（ニッチ：すきま市場）に参入しにくい大企業よりも有利な立場にあり、積極的な事業展開が望まれます。

―コラム―

グリーンコンシューマー10原則

企業はグリーンコンシューマー層（GC層）に対して、どのような商品・製品を世に問えばいいのでしょうか。

ここで参考になるのは、「グリーンコンシューマー研究会」が提唱している「グリーンコンシューマー10原則」です。

①必要なものを必要な量だけ買う
②使い捨て商品ではなく、長く使えるものを選ぶ
③包装はないものを最優先し、次に最小限のもの、容器は再使用できるものを選ぶ
④作るとき、使うとき、捨てるとき、資源とエネルギー消費の少ないものを選ぶ
⑤化学物質による環境汚染と健康への影響の少ないものを選ぶ
⑥自然と生物多様性を損なわないものを選ぶ
⑦近くで生産・製造されたものを選ぶ
⑧作る人に公正な分配が保証されるものを選ぶ
⑨リサイクルされたもの、リサイクルシステムのあるものを選ぶ
⑩環境問題に熱心に取り組み、環境情報を公開しているメーカーや店を選ぶ

グリーンコンシューマーでなくても今後の生活者は、この10原則を購入のよりどころとする傾向が強

まると思われます。これらの原則に合致するような商品・製品を世に出すことで、名実ともに「地球に優しい」企業として評価され、発展することが可能となるでしょう。

具体的には「リサイクル型商品、省エネ型商品、不要商品回収サービス」などが考えられます。

これらの市場では、たとえ高価であったとしても「一度買えば半永久的に使用できる商品」「使えば使うほど味が出てくる商品」といった、いわゆる「年代物」が脚光を浴びることになるでしょう。

(7)環境(地球)に優しくない商品は市場から淘汰される

前述のように、日本版「グリーン・ニューディール構想」では、2015年に環境ビジネス市場を100億円規模にするとしています。しかし『環境（地球）に優しくない商品やサービス』が2015年に存在できるとは、私には思えません。

環境意識の高まりや環境経営の進展、またグリーン・ニューディールのような政策が世界的に増えることを考えると、2015年には「環境（地球）に優しくない商品」は市場から淘汰され、ほとんど姿を消していると考えられます。

繰り返しますが、2015年時点における環境ビジネスの市場規模は、国民総消費が現在から伸びなかったとしても300兆円です。

環境ビジネスを狭く捉えて（2015年時点で）100兆円市場と見るよりも、すべての商品とサービスを「環境配慮を内蔵する環境ビジネス（エコプロダクツ）」と捉えて（現在でも）300兆円市場と考える方がより勇気が湧き、展望が開けると思います。

環境ビジネスを「自社には関係ない」と小さく捉え、無視する企業は淘汰される可能性が大きいと思われます。

（8）これからの環境ビジネスの役割

ハードウエア・ソフトウエアからハートウエアへ

これは以前から言われていることですが、生活者の選好基準が「物から情報へ、そして心の豊かさになる」ということです。この流れに乗るためには、〝本当のライフライン〟を再構築するような仕掛けが必要になるでしょう。

私は、この〝本当のライフライン〟の再構築こそが、これからのビジネスの基本になると考えています。もちろん環境だけではなく、福祉・いじめ・教育などの社会問題においても同じです。

私は阪神淡路大震災で被災しましたが、水が1ヶ月出なくて大変不自由な経験をしました。そのときマスコミが「ライフラインが切れた」とさかんに報道していました。風水害が発生したときも、報道で「ライフラインが切れた」という表現が多く使われます。

私は被災地のまっただ中にいて、「ライフラインが切れたという表現は変だ。地震で切れたのは、ガス管や水道管というパイプラインだ。電線というケーブルラインだ。〝本当のライフライン〟というのは、人と人とのつながり、人と自然、それから自然同士などの〝つながり〟のことを言うはずだ。それがどうして、物をライフラインと言ってしまっているのだろう」と疑問を抱いたのです。

この疑問は私だけでなく、被災地に住む人も同じような思いに駆られていたことを後で知りました。

そして多くの人が、「実は、いわゆる物としてのライフラインが切れたのではなく、その前に〝本当のライフライン〟が切れていたんだ。だから、〝本当のライフライン〟をつなげて行かないと本質的な解決策にならない」という結論に達していたのです。

これは震災時のことなのですが、環境問題もいじめ問題も高齢者問題も同じことではないでしょうか。〝本当のライフライン〟をつなげていかないで（再構築しないで）、表面的に繕うだけでは何も解決しないのです。

その意味で〝本当のライフライン〟、つまり「いのちのつながり」というキーワードを考えると、環境だけではなく福祉や教育にもつながるのです。「環境ビジネス」という言葉に囚われて、自分でビジネスの範囲を狭くしないようにしたいものです。

あなたも「環境ビジネス」を『〝本当のライフライン〟を再構築するビジネス』とイメージしてみませんか。きっと世の中に役立つアイデアと、それを具現化した商品やサービスが生まれるはずです。

例えば「エコハウス」はどうなる？

ひとつのヒントとして建築業界を考えてみましょう。

建築会社とか建築・土木業界で環境の講演をすると、皆さん下を向かれるのです。「自分たちが、環境破壊しているんじゃないか」と内心思っているので、責められているように感じるのかも知れません。

たしかに今まではそうだったのかもしれませんが、自然を修復するには建築や土木業界の技術とノウハウが絶対に不可欠なのです。3面コンクリート張りで真っ直ぐにした河川を元の蛇行に戻す「逆ゼネコン」という近自然工事や、林業振興を兼ねた森林再生事業などは、どう考えても建築や土木でないとできないのではないでしょうか。

さらに「〝本当のライフライン〟を再構築する」という観点から、例えば建築の「建」の字に人偏（にんべん）をつけると、「健康に寄与する建築」という発想が生まれます。文字通り「健康を築く」という観点で、例えば『エコハウス』を考えたら面白い発想が生まれるのではないでしょうか。

ただ、ここでひとつ考えておきたいことがあります。

最近、「１００年住宅」や「３００年もつ住宅」が増えてきています。たしかに日本の住宅は欧米に比べて早く取り壊されるようですが、これは寿命のためというよりは「住みたくなくなったから」というのが多いように見受けられます。違法建築でない限り、本当に２０年から３０年で寿命が尽きてしまう住宅などあり得ないと思います。

ところで、例えば３００年の寿命を持つ家を造って「住みたくないから」という理由で２０年で潰したら、どうなるでしょうか。

３００年の寿命を持つ家を造るには、耐久性などを上げるために一般住宅よりも良質で強い資材が多く使われます。言うまでもないことですが、「３００年もつ家を２０年で壊すくらいなら、２０年の寿命の家を２０年で壊す方が環境に良い」ということにならないような配慮が必要です。

300年持つ家には、やはり300年は住んでもらいたいですね。

これを「いのちのつながり」という観点で考えてみましょう。

この家で、やがて子どもが産まれて育ち、自分たちがおじいちゃん・おばあちゃんになる。そして、わが子がおじいちゃん・おばあちゃんになり、孫がおじいちゃん・おばあちゃんになり……。

最近、3世代同居が望ましいと言われていますが、300年間3世代同居を続けることを想定して造られている家はどれほどあるでしょうか。

これからは、「ずっと住みたくなる」「長く住めば住むほど味が出てくる」ような家を創る企業が脚光を浴びることになるでしょう。

キーワードは「愛着を感じる」です。

何も家に限らず、すべての商品・サービスに不可欠なキーワードと言えます。

単純に「100年もつから良い」とか「300年の寿命があるから環境に優しい家」というわけではありません。

造る人も住む人も「〝本当のライフライン〟を再構築する」「いのちのつながりを意識する」「愛着を感じる」をキーワードとして、『エコハウス』を発展・進化させていきたいものですね。

第3章「地球に優しい商品では価格競争に勝てない」

3つめの思いこみは「地球に優しい商品は割高なので、安い価格で提供しないと消費者に受け入れられない（価格競争に勝てない）」というものです。

たしかに一般論ではそうとも言えますが、実際はどうなのでしょうか。

（1）地球に優しい商品（エコプロダクツ）で価格競争に勝つ方法

エコプロダクツを「価格だけの勝負」に持ち込まないためには、企業（使用者・消費者）のニーズに合わせた提案をすることです。**訴求方法を変えることで受け入れられる**場合があるのです。

取引先企業の主たる目的は「売り上げ増」と「利益増」です。この目的を達成するために重要視されているニーズが3つあります。

①コストの低減、②企業リスクの回避、③環境負荷の低減です。

エコプロダクツを提案する際に、3大ニーズの1つだけにしか触れなければ、恐らく「値段が高すぎる」「コストが合わない」と言われるはずです。

ところが、「実はこの商品をお使いいただくと、コストの低減、企業リスクの回避、環境負荷の低減、3つともこの製品で実現できるのですよ」と説明すると、展開が変わってくる可能性があります。

ユーザーが3つのニーズをそれぞれ別々の商品・サービスで考えていたとしたら、1つの商品で3つとも可能になることを伝えることで、交渉次第で採用してくれる可能性があります。

たとえ購買担当者から環境負荷の低減だけが求められていたとしても、見積り時にその商品・サービスが「コストの低減」「企業リスクの回避」「環境負荷の低減」という3大ニーズのすべてに貢献することを提示するのです。

すると購買担当者だけでは対処できないので、計画の全体を把握している人（決裁権のある人）に提案が上がることになります。こうなれば、少なくとも採用の可能性が高まることはまちがいありません。

環境負荷の低減に対して50万円の予算を組んでいた企業に100万円の商品を提示しても価格的に合いませんが、3大ニーズにそれぞれ50万円、計150万円の予算を計上していたとすると、100万円の商品は非常に魅力的なものになるはずです。自分の商品に自信があればあるほど、「良い物は売れるに違いない」と錯覚しているものです。しかし、その商品を最終的に買ってお金を払うのは企業です。企業の理念や方針に合わない商品やサービスが売れる確率は非常に小さいのです。

可能な限り経営理念や経営方針を調べて、その精神に沿った提案をすることが大切です。幸いなことに、3大ニーズはたいていの企業の経営理念や経営方針に合致しています。エコプロダクツを提案する際は、いかなる場合でも3大ニーズへの貢献を訴求することを心がけていただきたいと思います。

(2) 薄利多売方式の終焉

これからは、いわゆる「薄利多売方式」は成り立たなくなるでしょう。すでに都市部を中心に崩れつつあります。量販店などがいくら営業時間を延長したとしても、それだけで効果が上がるものではありません。

というのは、薄利多売方式が成り立つのは2つの条件が必要ですが、2つの条件ともに崩れてきているからです。

1つ目の条件は、「早く捨てさせる」ということです。薄利多売の商品を大切にずっと持たれたら売れなくなって困るので、どんどん捨てさせてリピートさせるのです。

もう1つの条件は、「捨てるときにお金が掛からない」、つまり「捨てるコストはタダ、もしくは限りなくタダに近い」ということです。

ところが、例えば1年間で壊れる商品は最近は見向きもされなくなりました。また、地方自治体などでゴミの有料化が進んでいて、「捨てれば捨てるほどお金がかかる時代」になってきました。

このような状況下で「どんどん捨てさせる方式」が成り立つはずがありません。すでに、特に都会の主婦層は、捨てるときのこと（負担）を考えて購入し始めています。もはや従来の「ゴミにして捨てなさい」という計画的陳腐化戦略が終焉を迎えたと言ってもいいと思います。

(3)2枚の絵の話

では、今後はどのような商品やサービスが望まれるのでしょうか。

これも『「環境」で強い会社をつくる』（前出）でも紹介したことですが、〝2枚の絵の話〟がヒントになります。

画商のもとにピカソの原画が2枚あったとします。1枚の単価は100万円です。
あなたは2枚とも気に入り、両方買いたくなりました。
そのときあなたなら、どのように交渉するでしょうか?

多くの人は、「2枚買うから、(例えば)150万円にまけてよ」と言うのではないでしょうか。ところが、いまの北欧などでは「2枚買うのだったら、250万円になるよ」と言うでしょう。

どうしてだかおわかりでしょうか?

私は原画と書きました。世界で本当に1枚ずつしかないのです。世界で1枚しかない物が2枚あるときに、単価が100万円。

そのうちの1枚を誰かが100万円で買ったとします。

あと残りは世界で1枚です。それなのに、どうして安くしなければならないのでしょうか。

世界で2枚あった時に単価が100万円だったのですから、世界で1枚しか残っていないとすると（需要と供給の関係から）当然単価が高くなるはずです。

画商としては「世界で1枚という希少価値の絵だから本来は売りたくありません。でも、どうしてもというのなら150万円でお売りしましょう。だから2枚だったら250万円です」と考えたわけです。

なんだか煙に巻かれた感じがするかもしれませんね。

でも、画商の言うことにも一理あるのです。

私たちが「たくさん買うから負けてよ」と言えるのはレプリカの場合です。模造品です。倉庫に同じ絵（もちろん模造品）が何百枚もあり、「現状の経済システムでは多く作るほど単価が安くなるので、たくさん買えば買うほど安価で手に入れることができる」というわけです。

原画と模造品の違いを考えれば当たり前のことですが、薄利多売に慣れてしまっていると「当たり前のことに気づかなくなる」一例です。

（4）資源は、たくさん使えば高くなるのが自然

現状の経済システムでは、石油などの天然資源は多く買った方が安くなります。

ところが自然の資源（天然資源）というのは、たくさん使えば使うほど高くしていかないと成り立ちません。本来、木をたくさん伐れば伐るほど、石油をたくさん取れば取るほど、高く売らないと経済的にも環境的にも持続可能ではなくなるのです。

木を1本伐るだけなら、再生のために苗木を1本植えればいいのです。

しかし、机を作るために大量に木を伐ったとすると、その巻き添えになる木がたくさんあります。土地を整備したり道を作ったりして生態系が崩れます。当然、木が少なくなると、保水能力や光合成の能力が小さくなります。これらを回復させようとすれば、莫大な費用がかかります。植林するにしても、植林そのもの、間伐などに多くの人手とコストを必要とします。

石油も同じです。以前は油田を掘ったら高品質の石油を楽に（低コストで）得ることができました。

しかし、大量のくみ上げによって石油の残量が少なくなってきたので、かなりのコストが必要になります。石油も残り少なくなってくると、使えば使うほど価格を高くしていかないとコスト的に成り立たなくなってしまうのです。

石油資源が枯渇に向かっている状況を考えると、単に価格が高騰する可能性だけでなく、「多く使えば使うほど累進的に価格を高くする」という政策がとられる可能性（リスク）を考えておくことが不可欠だと思います。

(5)これからの経営戦略

私は、これからは「地球満足経営」が不可欠になると思っています。

前述のように、今後は地球のニーズに合致した行動が求められます。地球のニーズの範囲内であれば、従業員満足・顧客満足・自社満足をどんどん進めてもいいのです。

地球満足という言葉は学術用語ではなく、私が1990年頃から使っている造語です。これまでも『「環境」で強い会社をつくる（2001年1月発行）』や『これで解決！環境問題（2003年4月発行）』（いずれも総合法令出版）などで公表してきました。造語ではありますが、今のところ批判を受けていません。

というわけで、本書でも「地球満足」という言葉を使いたいと思います。前掲書と同じような解説になりますが、大切なポイントですので、しっかり押さえておいてください。

さて顧客満足（CS：Customer Satisfaction）が常識となり、各企業は顧客を満足させる商品やサービスの開発に全力をあげて取り組んでいます。さらに、従業員の満足なくして顧客を満足させることは不可能として、従業員満足（ES：Employee Satisfaction）を経営方針に掲げる企業が増えてきました。

これらは、従来の「生産者中心の自社満足志向の経営」から脱却したという点で大いに評価できます。しかし、地球環境問題の深刻化や地球の有限性（資源量・廃棄場所・自浄能力はすべて有限）を考えると、まだまだ不十分だと言えます。

地球の有限性については、「砂時計のたとえ」がわかりやすいと思います。

いまここで砂時計をひっくり返したとします。砂が流れ落ちています。計ってみると、1秒間に5グラムずつ流れています。

さて、このままのスピードで砂が流れつづけるとすると、あなたがいる部屋が砂でいっぱいになるのは何日後でしょうか。

部屋の縦・横・高さを掛け合わせて砂の体積で割る。

正解！　と言いたいところですが、「砂時計の中に入っている砂がなくなれば、それで終わり」ですね。

あちらこちらから「当たり前じゃないか！」とか「バカにするな！」という声が聞こえてきそうです。

しかし、現実を見てください。石油、炭水、鉱物資源、森林資源……。「このままずっと存在し続けることはない」とは知っていながら、永遠に存在するが如く消費し続けているのではありませんか。「現状がそのまま続くとすると」とあり得ない仮定を平然とやってのける経済学者も、「経済成長を永遠に続けなければならない」と錯覚している政治家や経営者も……。「砂時計のたとえ」を笑い飛ばすことができるでしょうか。

砂時計には「容器中の砂の量」という制約条件があるように、この地球にも「資源量」「廃棄場所」「自浄能力」の有限性など、だれでも知っている「制約条件」があるのです。

地球満足と地球不満足

私は「顧客満足」や「従業員満足」の前提条件として、「地球満足（GA：Gaia Satisfaction あるいは Global Satisfaction）」志向が必要だと考えています。

ここで言う「地球満足」とは「循環、共生、調和、ほどほど」、さらに言えば「足るを知る」「もったいない」という地球のニーズを満たすことを意味します。地球満足を考慮しなければ、自分のことしか考えない「わがまま集団」を限りなく「わがまま」にしてしまう可能性があります。

つまり地球のニーズを知らない、あるいは無視する消費者のモア・アンド・モアの欲望を刺激し、環境に対する負荷を際限なく増大させてしまうということです。
ちなみに、「わがまま集団」の主要な特徴として「大量生産・大量消費・大量廃棄、不必要最大限、競争・比較志向」が挙げられます。次図はこれらの概念をモデル化したものです。

この図では、グリーンコンシューマー層の外側にモア・アンド・モア（もっと便利に、もっと快適に）の欲望を持つ「わがまま集団」が取り巻いています。

これまで行われてきた経営活動は、この「わがまま集団」を拡大することに偏重しすぎていたように思えます。

そのため、あくなき欲望を満たす商品・サービスの開発を永遠に続けなければならなくなってしまいました。ごく一部のクレーマー対策のために、環境負荷もそれに伴うコストも大幅に増大しているはずです。

しかも、この集団の購買動機は「満足する物を安く買うこと」ですから、コストの増加を価格に反映できず、極限まで薄利多売を追求せざるを得なくなっているのです。

そこで多くの企業は大量生産によって商品の単価を引き下げ、大量に販売する政策を採用することになりました。頻繁にモデルチェンジを繰り返したり、保証期間が過ぎるとできるだけ早く壊れてしまう商品を開発したりといった、いわゆる「計画的陳腐化戦略」がその代表的なものでしょう。

しかし、この戦略は「地球不満足」であることは明らかであり、環境にも社会にも貢献しているとは言えません。

すでに環境経営度調査など「環境格付け」が実施されており、環境への取り組みによって企業イメージが左右され、株価や業績にまで影響するようになってきました。これからは、環境負荷や資源使用量を格段に低減する目的以外の「計画的陳腐化戦略」は成り立たないと考えるべきでしょう。

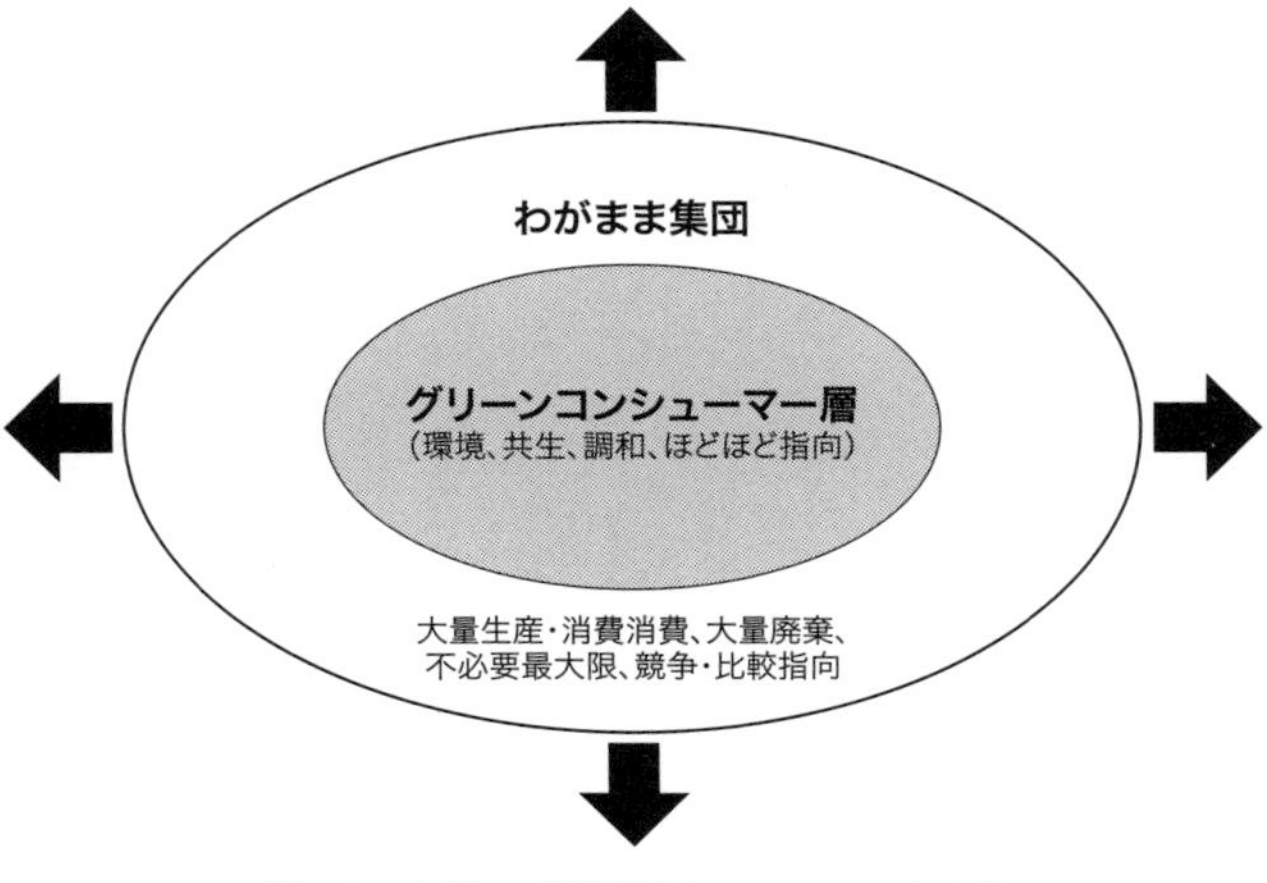

【『これで解決！　環境問題』137 ページより】

第4章「環境対策に取り組むと企業が成り立たない」

この種の思いこみも非常に多いようです。「環境対策はコストがかかりすぎる」というのが代表的な意見です。

しかし、実際に環境経営に取り組んだことのある人よりも、「誰かから聞いた」「成り立たないと思う」など推測からの意見が多いように感じます。

結論を先に述べると、「環境経営に取り組むと企業が成り立たない」のではなく、これからは、「環境経営に取り組まないと企業が成り立たなくなる」のです。

その理由を本章で明らかにしていきたいと思います。

(1)廃棄物を捨てることはお金を捨てること

では「環境対策はコストがかかりすぎる」という意見について考えてみましょう。

例えば「廃棄物を有効に使おう」と言うと、「廃棄物処理にお金がかかる」という反論が返って来ることがあります。また、学者さんに多いのですが、「廃棄物削減しようとすると、必ずコストがかかる」と言う方がおられます。

もちろんどんな場合でも、多かれ少なかれコストが発生するのは当たり前です。コストがかかるということは、「コストを受け取る側、つまり売る側が存在する」ことを意味します。コストを支払う側から受け取る側に変わることができれば、廃棄物処理が利益の源泉になります。

また、自社で培った廃棄物を削減するためのノウハウや管理ソフトウェアなどを商品化することも、立派な環境ビジネスといえます。

ここで大切な事は決済権のある人、買ってくれる人に、「いま、あなたが捨てている廃棄物というのは、実はお金である」という現実をいかに伝えるかです。

例えば100万円で購入した資材を10％捨てたら、10万円というお金を捨てたことになります。10万円捨てておいて、「その捨てたお金を減らすにはお金がかかる」という奇妙な話をしていることに気づきませんか。

多くの人は「廃棄物は汚いもの」と思い込んでいます。廃棄物と聞くと条件反射のように「なれの果ての姿」を思い浮かべます。

油まみれの錆びついた機械。ハエがたかり異臭を放つ生ゴミ。

しかし、廃棄物になった時点では汚いものでなく、材料・素材そのものです。汚いものだとすると、汚いものを使って商品を作っていたことになります。

また生ゴミも、出来た直後というのはご馳走そのもの。私たちは汚いものを食べていたのではなく、ご馳走であり、栄養を食べていたはずです。

カレーはカレー、ケーキはケーキ、お肉はお肉。それがしばらく経って、腐敗しハエがたかる。私たちは、このなれの果ての姿に生ゴミというレッテルを貼っているのです。

私たちが「ごちそうさま」と言った瞬間に、ご馳走が生ゴミという名前に変わる。

この矛盾を心で感じることが、廃棄物を減量し、ひいては環境経営を実のあるものにするためのスタートなのです。

(2)発想トレーニングをしてみましょう

ある学者さんが某工業地帯の地図を示して、「赤く塗っているところは溶剤がたくさん揮発している所ですね。薄いところは少ないところです。それを減らすにはお金がかかりますね」というお話をされました。

たしかにその通りなのですが、さらに重要なことがあります。

色が濃いところほど捨てているお金が多いということです。お金を出して溶剤を買ったのですから当たり前ですね。

だから「お金を捨てない方法」、つまり「溶剤を捨てない（溶剤が漏れない）方法」を考えるべきなのです。

「タンクや配管から溶剤が漏れない構造にする」「溶剤そのものを使用しないプロセスに変更する」など、様々な対策を考えてみてください。

たとえ話を挙げてみましょう。

ガケから1万円札を落としてしまいました。

「落とした1万円札を回収するにはコストがかかる。そのコストは明らかに1万円をはるかに超えるので回収しない方が得」という意見に対してはどうでしょうか。

いかにも正しそうですが、「1万円札に糸を結びつけておいて、万が一の時にも落ちないようにしておく（落ちても糸を手繰《たぐ》り寄せるだけ）」「そもそもガケの上に1万円札を持って行かないと決めておく」という予防策を講じておく方がはるかに効果的ですね。

もう一例。

「こぼれたコーヒーをフキンで拭くのとティッシュで拭くのとでは、どちらが環境負荷が小さいか」という議論についてはどうでしょうか。科学的には、ＬＣＡ（ライフ・サイクル・アセスメント）の研究では、フキンで拭く方が環境負荷が小さいことがわかっています。

しかし学者さんならそれでいいのかも知れませんが、企業人としては合格点はもらえません。こぼれたコーヒーをどうするかではなく、コーヒーがこぼれないように工夫することが大切だからです。

どうすれば、こぼれないのか？

こぼれたとしても、例えば水だとしたら……。もし水もコーヒーも必要でなければ……。

実は『ＬＣＡ』というのは、こういう発想を進めていく際に役立てるべきものなのです。ところが今は、「ＡかＢかどちらかを決める手段」になっています。

企業人としては、「いかに捨てているお金を減らすか」という知恵を絞る方が専門用語の知識を詰め込むよりも重要です。廃棄物にしても削りカスにしても、買ってきた素材の一部なのですから、元々はお金なのです。

この素材をどういうふうに使い切ったら（活かし尽くしたら）良いかを考えるのです。

もっと言えば、素材を自分の子供さんだと想像してみることです。おそらく、「最後まで使い切ってあげたい」「すべての能力を活かしてやりたい」と思うはずです。

そのうち「従来と違う切り方をしたら材料全部が使える」などの発想が出てくると思います。

具体例として、私が以前に実施したことをご紹介します（数字そのものはわかりやすいように変えています）。

〈具体例1〉　切断方法を変えるだけで大幅な利益増を実現！

従来は直径10㎝、長さ1ｍのステンレスの丸棒を10㎝ずつ切断していました。すると10個取れる……はずはないですね。

100÷10＝10。数字的には10なのですが、切りしろがあるので9個しか取れなくて8㎝の廃棄物が出ていました。

この廃棄物はお金を支払って処理業者に処分してもらっていました。

この現状に疑問を持ったある人が「10㎝でなくても、9・8㎝で良いのじゃないか」と考えたのです。とはいうものの、強度が弱くなったり、他の部品に影響を及ぼすとしたら困ります。

いきなり変更するわけにはいきませんが、調査した結果、強度も弱くならないし他の部品への影響もなかったのです。

そこで１０㎝から９・８㎝に変えたら１０個きっちり取れたのです。廃棄物はわずか２㎜でした。０・２㎝。廃棄物量が何と４０分の１になったのです。

材料のステンレスの値段は以前と同じですから製造単価は安くなります。９個が１０個になったのですから、１個分売上が増えます。同じ個数をつくるなら素材の購入量が少なくてすみ、仕入れコストが下がります。しかも廃棄物処理コストが著しく削減できます。


トータルで見ると、明らかに利益増ですね。

これをどうして、「環境を保護するとお金がかかる」と言うのでしょうか。

もちろんお金がかかることも多いのですが、「すべてが該当するとは限らない」のです。

よく経営者の方から「環境に取り組んで、いくら儲かるのか？」という質問を受けます。

もちろん、企業経営には様々な要素が関連しあっているので、「いくら儲かるか」を即答することはできません。

この場合、次のように応えます。

「社長さん、いくら儲かるかは即答できませんが、いくら損しているかはすぐにわかります。いまゴミや廃棄物として捨てているのは、お金を出して買った物の一部ですから、明らかにお金ですね。廃棄物と称してお金をジャンジャン捨てておいて、利益が少ないというのは虫が良すぎますよ。

厳しい言い方かも知れませんが、お金を捨てているところにはお金は寄りつきません。お金は寂しがり屋です。お金は大切にしてくれるところに集まってくるのです。社長さん、いつまでお金を捨て続けるのですか？」と。

これは私自身への戒めを込めて、講演会などでよく話題にしています。

すると、「そういえば、先代社長がそう仰っていたなあ」「忘れていました。これこそが当社の創業時の精神でした」「廃棄物って捨てたお金。お金を捨てておいて、捨てたお金に廃棄物処理費用としてお金がかかる。まさにブラックユーモアですね」などの感想が出てきます。

一人でも多くの企業人が、「廃棄物という名のお金を捨てている現状」に気づくことを願っています。

この話は、お客様とエコプロダクツの商談をするときにも応用できます。

お客様に提案やアドバイスをするときに、「汚い物をどう処理するか」という発想よりも「お金を捨てないためには、こうしたら良い」という働きかけのほうが喜ばれるのではないかと思います。

〈具体例2〉光熱費と売上高との関係を知り、省エネ意識が向上！

電気代やガス代などの光熱費は現金で支払われます。会計上は一般管理費ですが、実態は純利益（現金）から出ていきます。

さて、ここで質問です。

あなたの会社では光熱費を支払うための現金を生み出すために、売上をどのくらい上げないといけないでしょうか？　売上高に対する純利益、つまり「売上高対純利益率」です。

仮に100対1（1％）として考えてみましょう。つまり、「1万円の純利益を得るためには100万円の商品を売らないといけない」のです。

さて、あなたが「部門の電気代などの光熱費を1万円削減しなさい」と営業マンに指示したとき、「自分たちは100万円単位の仕事をしているのに、たかが1万円くらいでギャーギャー言うな」と言い返されたとしたら、どう対応しますか？

もうおわかりのように、営業マンの理屈はメチャクチャですね。

まずは、「光熱費としての1万円は純利益（現金）から出ている」こと、そして「あなたが必死になって獲得した100万円の売り上げが、1万円の光熱費の無駄遣いで吹き飛んでしまうんだよ」と営業マンに伝えてください。

すると、「自分がせっかく100万円の売上を上げているのに、そんな事で利益が減るなんてバカバカしい」と思うはずです。「100万円の商品を売るのに、自分がどれほど苦労しているかわかっている」からです。

純利益1万円と売上100万円が、実は同等の価値がある。

これはほんの一例ですが、私たちが普段当たり前に思っていることを少し見直すだけで、いわゆるビジネスチャンスだけではなく企業の経費も削減できるのです。

さらに良いことに、社会から「さすがエコ商品を扱っている会社だけに、地球に優しいですね」と賞賛されるようになるかも知れません。

少なくとも、「お宅の会社は地球に優しいと口で言うだけで、環境配慮がメチャクチャですね」「環境のこと考えていないですね」と指摘されないようにしたいものですね。

(3)環境経営に取り組むメリット

「環境対策に取り組むと企業が成り立たなくなる」という障壁に対して、ここまでいくつかの例を挙げて反証を試みてきました。

もちろん「必ず」とは断言できませんが、環境経営への取り組みは利益増につながる大きなチャンスなのです。しかも利益増だけにとどまらず、企業経営にとって多くのメリットをもたらします。

ここでは代表的なメリットについてまとめておきましょう。

①経費節減効果
②新商品、新サービス（創造性）開発効果
③信用アップ効果
④従業員の使命感と社会貢献意識の醸成効果

それぞれについて、事例を交えながら説明しましょう。

①経費節減効果

経費節減は、企業が利益を確保するための重要ポイントです。

たいていの企業では「休み時間には蛍光灯を消そう」「できるだけコピー用紙は裏表を使おう」「工程の無駄を省こう」というような、経費の節減策が当然のように実施されています。

このような経費節減策そのものがエネルギーや資源の節約につながり、地球環境問題の解決に貢献することは今さら言うまでもないでしょう。

しかし、残念なことに多くの場合、これらの経費節減効果は自社利益に対する貢献としてだけ報告されているようです。従業員に対して、「経費が1000万円節減されたので、当社の経常利益が1億円になった」というような報告しかしていないとすれば、もったいない限りです。

ましてや、経営者が「常にお金儲けのことしか頭にない人」と従業員に思われていたとすると、「うちの社長は本当にケチだからねえ」と陰で言われかねません。

そこで、平素から地球環境問題について従業員にどんどん報告し、「地球環境問題は誰かが解決してくれるという消極的な考えではダメだ。たとえ、少しの経費節減であったとしてもその積み重ねが大きな力となる。まずは、わが社から始めようではないか」と熱く語るのです。

先の報告に加え、例えば「エネルギーや資源の節約によって経費が1000万円浮いたということは、地球環境に対して1000万円もの貢献をしたということだよ。つまりこの1000万円は地球からの報酬なんだ」といえば、「よし、地球のためにもっと知恵をしぼろう！」という意欲が出てくる可能性が十分あります。

そして使命感を共有した従業員から、自発的にどんどん経費節減のアイデアが出てくるようになるでしょう。例えば、次のようなアイデアです。


〈事例1〉

工場の蛍光灯ひとつひとつにスイッチをつけて、必要な分だけ点灯するようにしたらエネルギーも経費も大幅に節減できた。


これは今では多くの職場で当たり前に実施されていることですが、以前は「職場が暗くなる」とか「作業効率が落ちる」というクレームが出ていました。

経費節減のためだけで指示を出していたからです。

しかし、「環境改善に貢献する」とか「地球から報酬をいただく」という意識が芽生えると、このような改善案は指示しなくても従業員から出てくるものです。


〈事例2〉

２つの商品で長さ１００㎝のステンレス棒を６０㎝ずつ使用していたので、それぞれ

40㎝、計80㎝の廃材が出ていた。どちらの商品も50㎝でも問題ないことがわかったので、100㎝の棒を2等分して使うことにした。

その結果、ステンレス棒の使用量が半分になり、しかも廃棄物がほとんど0になった。

数字は少し誇張していますが、この事例に近いことはかなり行われています。問題は「設計者間で情報交換が行われていなかった」ことにあります。商品ごとに材料使用量や廃棄物量の削減を図ることは当然ですが、商品群、さらには取り扱い商品全体としても考慮する必要があります。

環境経営においても、コミュニケーションの円滑化は大きな課題と言えるでしょう。

〈事例3〉

ある企業には歯車が1000種類もあった。しかも部品図が数万枚もあり、現場に混乱をきたしていた。調べてみると、寸法や歯数がほんの少しずつ違う図面が多かった。整理したところ、たったの5種類に集約できることがわかった。部品図の管理がルーズなので、設計者によると「図面がどこにあるかわからなかったので、自分で最初から設計した」という。

そのために、図面を探す時間ロス・図面を書く時間ロスはもちろん、紙資源のムダ、歯車製作の際の段取り替え時間ロス、材料ロスなど、どんどんお金が消えてしまっていた。部品図の管理を徹底するとともに、「部長の決裁がない限り新規部品の追加を認めないことにする」という規定を設けただけで、大幅な経営資源の節約を実現した。

これはある大手企業での実例をシンプルに表現したものです。実は、このことが原因で倒産に至ったそうです。いわゆる「図面倒産」です。しかし、この事例のような規定を設けることで（もちろん他の対策も功を奏し）業績が回復したのです。

〈事例4〉

長さ１００㎝のパイプを２０㎝切断し、８０㎝分をある装置内に使っていた。

現在の担当者が、「装置は十分のスペースがあるにも関わらず、せっかくＪＩＳ規格に準拠している定尺品をわざわざ切断している」ことに疑問をいだき、その理由を調べてみることにした。

しかし、「以前からそうしてきたから」という納得しがたい理由が相次いだので、すでに引退していた設計者を訪問し尋ねてみた。すると、「初期の装置は小型だったので、定尺品だと入らなかったので仕方なく切断して使った」ということが判明した。

すぐに設計変更し定尺品を使うことにすると、切断工程が不要になり加工時間の短縮が図れただけでなく、廃棄物量を大幅に削減することができた。

この成果により会社から表彰され、ますますヤル気を起こした担当者は、「いっそのこと1ランク短い定尺品（例えば70㎝）を使えないか」と考え、現在の処理能力を維持したままで初期よりもさらに小型化した装置を実現させた。当然、装置に使用する資材・資源量と装置そのものの運転時のエネルギーが大幅に削減できた。

よく似た例で、「ローストビーフを蒸し焼きにするときになぜミミ（カットエンド）を落としていたのかと調べたら、一番最初はオーブンが小さすぎて入らなかったから」という話があります。

「ホントの話かな？」と思ってしまうくらいの笑い話ですが、このようなことは案外多く見受けられます。「以前からしていたから」とか「当たり前だと思っていた」ことが、この種の問題の発見を遅らせてしまうようです。

ところで、この事例のように規格品や標準品を使うと、安い価格で購入することができます。しかも加工プロセスがその分不要となり、当然ですが、人・物・金という経営資源の節約に直結します。これはとても価値あることだと思います。

この事例の重要なポイントは「ひとつの成功体験がヤル気を呼び起こし、さらなる改善や改革の呼び水になる可能性がある」ということです。

前半の事例に対して、「80㎝から100㎝になって、結局は資材の使用量が増えているじゃないか。これでは、環境負荷という観点では改善とは言えない」とクレームをつける人も出てくるでしょう。現実に、あるリサイクル活動だけを見て、「これは環境負荷を増加させるので無意味だ」と断言する学者さんもおられます。

しかし、経営はある一点だけでなく、総合的に見なければなりません。事実だからと言って従業員のヤル気をそぐようなことをしてはいけません。

それよりも、まずは効果を上げたことを認めて評価し、さらなる改善・改革意欲をかき立てる配慮が不可欠です。

やはり、経営の原点は「良好な人間関係」にあるのです。

②新商品、新サービス(創造性)開発効果

いま、どの企業も懸命に新商品や新サービスを開発し、市場で優位に立とうとしています。そのためには、従業員の創造力を活性化することが不可欠です。

どこの企業でも「異業種と交流しよう」とか「違った視点でものを見よう」というスローガンが呪文のように唱えられています。そこで、経営者自ら異業種交流会に参加したり、従業員を経営戦略や潜在能力開発セミナーに派遣したりと大変な努力を払っているようです。そのための費用は、決して安いとはいえません。

実は「環境配慮活動」そのものが、余りお金をかけずに創造力を向上させる「創造力活性化トレーニング」なのです。

環境配慮のために知恵を産み出すプロセスには、「異業種的な発想」と「現在の市場に対する見方とは違った視点」のどちらも必要です。さらに全体を見る鳥瞰《ちょうかん》力や論理的なシステム思考力も必要です。

つまり前項の事例（特に〈事例4〉）に見られるように、環境配慮活動に取り組むこと自体が、創造性開発、ひいては新製品や新サービスが生まれる源泉となり得るのです。

環境への取り組みは、もちろん企業だけではなく、子どもたちの創造力開発にも役立ちます。ぜひともお試しください。

③信用アップ効果

環境問題の解決に積極的に取り組んでいる企業を応援しようという人（グリーンコン

シューマー）が確実に増えています。

目先の利益にとらわれずに、未来の世代に美しい地球環境と天然資源を残そうとする企業はグリーンコンシューマーから見て大変魅力的な存在です。一方、一般の消費者にしても、環境を無視して私利私欲に走る企業よりも地球に優しい企業の方が信用度が高いと判断するのではないでしょうか。

今後は、環境経営に取り組む企業が今以上に信用度を高めていくことはまちがいないでしょう。反対に言えば、環境経営に取り組まない企業は、信用度が低下し、やがて淘汰されることになるでしょう。

④従業員の使命感と社会貢献意識の醸成効果

人間は「自分は企業の1つの歯車にすぎない」と考えるよりも、「自分の仕事が世の中に役立っている」と自覚する方が働きがいを感じるものです。

環境問題を真剣に考える経営者の使命感が社員に伝わることで「よし、精一杯社会に貢献しよう！」という意欲と生きがいが彼らに湧いてくるでしょう。そして資源の節約（＝地球環境の保護）などによって、「仕事を通じて地球環境問題の解決に貢献できる」。なんて素晴らしいことでしょう。家族や友人にも自慢できますね。

このことが自ずから良い結果につながり、それが一層の使命感と社会貢献意欲をかき立て、さらに業績がアップするという善循環に発展するのです。

電気・ガス・水道・原材料などの経費を節減できた分だけ、実は地球環境の改善に直接貢献しているということを先に述べました。

「環境問題の解決に貢献するのは、何も新サービスや新商品の開発だけではない」ということを改めて強調しておきたいと思います。

(4)「整理整頓」も環境対策

整理(Seiri)・整頓(Seiton)に清掃(Seiso)・清潔(Seiketsu)・しつけ(Shitsuke)を加えた活動を5Sといい、一般に次のような意味に使われています。

整　理：必要な物と不要な物を分け、不要な物を処分する。

整　頓：必要な物を必要なときに取り出し使える状態にする。

清　掃：ゴミなし汚れなしの状態にする。

清　潔：ゴミなし汚れなしの状態を保つ。

しつけ：決められたことを守る習慣をつけるよう指導し訓練する。

5Sは「職場環境」を改善するためのスローガンですが、実は「環境経営」を進めるにあたっても効果的な姿勢でもあるのです。「職場環境の改善」が「地球環境の改善」にもつながるというわけです。

上の一般例を環境経営の観点で表現すると次のようになります。

整　理：分別を徹底し、必要な物を有効に使い、本当に不要な物を適正処分する。
整　頓：必要な物を必要なときに必要な分だけ取り出せるようにしておく。
清　掃：ゴミが出たときには取り除く（ただし極力ゴミが出ないように意識する）。
清　潔：ゴミがない状態を維持する。
しつけ：決められたことを守る習慣をつけるよう指導し訓練する。

これらは、当たり前といえば当たり前なことばかりですが、まだまだ十分とは言えない企業が多いのではないでしょうか。

そもそも「何が必要で、何が必要でないか」の基準が明確でなければ、絵に描いた餅になることはまちがいありません。ある企業では「半年間使わなかった物はゴミとして処分する（たいていの場合は廃棄する）」と決めているそうです。

もちろん、その前提として「購入前に本当に必要なものなのかを考慮する」「(処理費用や面倒くささなど) 捨てるときのことを考えて購入する」「ゴミを捨てるのはお金を捨てることと認識する」などが不可欠であることは言うまでもありません。

また、「出たゴミを取り除くのではなく、ゴミが出ないようにする」には、「ゴミは汚いものではなく資源を有効活用し損なったもの」と捉えることも大切です。

(5) ゴミも廃棄物も資源

ゴミとは本来の居場所とは違うところに散らばった資源

ゴミの分別を促すために「混ぜればゴミ、分ければ資源」というスローガンがよく使われています。これは、「もともと資源だったものを混ぜたらゴミになり、混ざり合ったものを分ければ資源になる」という意味ではありません。

実は、「最初から混ぜなければ、ずっと資源」であり、「混ぜればゴミ、混ぜなければ資源のまま」とするべきでしょう。

ゴミ箱の中に新聞紙とプラスチック類とを一緒に捨てておいて、後で別々に分ける。これでは時間と労力がかかります。だったら「最初から混ぜなければいい」のです。つまり、「分別」とは、混ざってしまった後で選り分けるのではなく、「最初から混ざらないように工夫しておくこと」なのです。

これも当たり前のようでいて、ゴミ出しの直前にあわてて分別している光景をよく目にします。

環境経営を実のあるものにするには、「ほとんどの廃棄物やゴミは資源」と信じることが不可欠です。これも、もはや当たり前のことになってきましたが、そう信じている人でも「ゴミの一部が資源」と表現することが多いようです。

しかし、実は順番が逆で「資源の一部がゴミになる」のです。言い方を変えると、ゴミとは、「資源を使い切ろうと努力したものの、どうしても残ってしまった部分で、しかも分別せずに散らかってしまったもの」です。

山や森林地帯の落ち葉が「肥料や腐葉土」という素晴らしい資源になるのに、都会の公園や道路に落ちた枯れ葉がどうして「ゴミ」と言われるのでしょうか。なぜ工場内のプラスチック類やビン・カンは「資材」といわれ、路上や川底のそれらは「ゴミ」と呼ばれるのでしょうか。

ゴミとは、本来の居場所とは違うところに散らばった資源。

このような視点を持つことが環境対策には不可欠です。

廃棄物削減は企業人の責任

前にも述べましたが、私たちは「廃棄物を捨てていたのではなく資源、すなわちお金を捨てている」ということに気づく必要があります。

廃棄物という言葉を使えば、捨てることを正当化してしまいます。しかし、お金を捨てているという観点に立てば「もったいない、できるだけ有効に使おう」という発想になるのではないでしょうか。もっと端的に言えば「地球環境を守るために廃棄物を削減する」というよりも「捨てる物をできるだけ少なくする、つまり、お金を無駄にしないのは経営者ひいては企業人の重要な責任」なのです。

これらの事例は、以前から品質管理などで当たり前に取り組んでいた実践活動に他なりません。しかし、これが「地球環境保全のために大いに役立つ」ということを従業員に徹底できている企業は少ないようです。

経費の節減は会社の中にいながら（仕事をしながら）地球環境に貢献できるとてもポジティブな活動です。

そのためには、「経営者の使命感をいかにして従業員に伝達するか」が最大のポイントになるでしょう。

(6)乾いた雑巾を絞る

いわゆる識者の中には、「省エネルギー・省資源対策に関して日本の企業は〝乾いた雑巾状態〟なっているので、これ以上の削減は困難だ」という人がいます。「日本は温暖化対策では〝乾いた雑巾状態〟だから、これ以上望まれてもそう簡単にはいかない」というようなことを仰った政府関係者もおられます。

たしかにオイルショック以来、日本企業では省エネルギー・省資源化が進み、非常に効率的な生産システムを創り上げてきました。これは堂々と世界に誇れる快挙です。

しかし、本当にこれ以上は無理なのでしょうか。

本来、「乾いた雑巾を絞る」というのは「乾いたように見える雑巾であっても絞れば多少の水が出るように、合理化もやり尽くしたように見えても諦めてはいけないのだ」という意味です。「乾いた雑巾だから無理」なのではなく、「乾いた雑巾に見えるが、まだまだチャレンジする価値がある」ということなのです。

前者（乾いた雑巾だから無理）の立場をとる人は、省エネルギー・省資源を「節約」という観点に偏って捉えがちです。もちろんこの姿勢は大切なことですが、やがて行き詰まることが多いようです。

一方、後者（乾いた雑巾に見えるが、まだまだチャレンジする価値がある）の場合は、例えば以下のような発想を総動員して対処します。

・濡れた状態にも程度があると認識する→雑巾の水分量を減らす方法を考える→元々の水分量を減らすことを考える→元々のエネルギー使用量・資源使用量を削減する。
・雑巾の数を減らす。
・雑巾より有効な代替物を探す。
・雑巾も代替物も使わずにすむ方法を考える。
・製造プロセスを見直す。
・製造プロセスそのものを変更する。
・そもそも、その部品・商品は必要なのかを検討する。
・その部品・商品がなくても同じ機能を発揮させる方法はないかを考える。
・その部品・商品を廃止する。
・個々の企業だけでなく、業界全体（場合によっては世界全体）で部品や商品を統一化することを提案する。

このように様々な可能性があります。

乾いた雑巾を「だからこれ以上無理」と自ら限界を設けてしまうのか、その限界を外して上記のような創造性を発揮するのか、どちらが企業にとって重要かは明らかですね。

世の中の常識や識者の高説にとらわれることなく、対症療法だけにとどまらない根本療法を心がけていただきたいと思います。

第5章「リサイクルしても意味がない」

(1)リサイクルに関する混乱

3つの「リサイクル」

いまでは「リサイクル活動」が全国各地で行われるようになりました。地球環境問題への関心が高まり、「自分にできることをしよう」という人が多くなってきた現れでしょう。

一方、学者さんの中には「リサイクルしても意味がない」と断定する人が出てくるなど、専門家の間でも批判合戦が繰り広げられています。

当然の帰結として、一般の人たちの中で「リサイクルすべきなのか、してはいけないのか?」「いったいどうすればいいんだ?」という混乱が広がっています。

この事態を招いている大きな原因は、「人それぞれリサイクルに対するイメージが異なっているにも関わらず、それぞれが持論を主張し合い、聴く耳を持たない」ということです。

つまり、コミュニケーションの欠如です。

日本では、大きく分けて3通りのリサイクルの考え方があります。
まずは、それぞれの「リサイクルに対するイメージの違い」を明確にするために少し立ち止まり、リサイクルの意味を改めて考えてみましょう。

「リサイクルしよう」と言っても、それぞれイメージが違うので混乱を生じ、場合によってはケンカになってしまうこともあるようです。これでは何のためにリサイクルするのかわかりません。

企業として地球にやさしいことをアピールする際にも、少なくとも、自社が考えているリサイクルは次の3つのうちのどれであるか意思表示しておく必要があります。

①再資源化（再生使用）

これは一番狭い意味のリサイクルです。ガラス容器のカレット化、PETボトルのペレット化、紙製品の製紙原料化など、いったん使用した物を再び資源として活用することを意味しています。これを「Recycle（リサイクル：再資源化）」の頭文字のRを取って、しかも1つのRであることから仮に「1R」としておきましょう。

②3R（減量・再利用・再資源化）

3RとはReduce（リデュース：減量する）、Reuse（リユース：再使用する）、Recycle

（リサイクル：再資源化）のことを言います。３つのＲということで「３Ｒ」と表します。
これが現在の日本で最も多く普及しているリサイクルの考え方です。

③４Ｒ（断る、元を絶つ）

４Ｒとは、「②の３Ｒに先だって Refuse（リフューズ：断る）することが大切だ」という考え方です。３ＲにひとつのＲが加わって「４Ｒ」というわけです。簡単に言えば、包装紙、牛乳パック、ペットボトルなどを購入時点で「いりません」と断ることです。

これは本書で繰り返し述べてきた「出てきたゴミをどう処理するかではなく、ゴミが出ないようにするにはどうするか」という問いに対するひとつの回答、つまり「発生源を絶たなければならない」という発想なのです。

４Ｒは、最近ヨーロッパでは当たり前になってきていますし、日本でもグリーンコンシューマー（環境を配慮する消費者）を中心に増えつつある考え方です。

本当は「リサイクルをすべきか否か」という二者択一の問題ではないのです。

「リサイクルをしてはいけない」と主張する人は、多くの場合「１Ｒ」、つまり再資源化をリサイクルと考えているようです。この場合は、「リサイクルすればするほど資源とエネルギーを多く消費することになる」ので、〝リサイクルしてはいけない〞という立場に立つのは当然でしょう。

ところが1Rのことをイメージしている人が、3Rあるいは4Rを実践する人に向かって「リサイクルしてはいけない」と諭すとどうなるでしょうか。「どうしてゴミを減量してはいけないの」「どうして再利用してはいけないの」「どうしてゴミになる物を断ってはいけないの」ということになってしまいます。

1Rを主張する人は学者さんや企業の技術者に多く、「3Rや4Rはゴミを減量するための原則であって、リサイクルとは言えない」という人もいます。しかし、その人も「リサイクルショップで服を買ったよ」と言っているのです。リサイクルショップは、実際は再利用（リユース）ですね。

ここで私が言いたいのは、「どれが正しくて、どれがまちがっているか」ということではなく、「同じ言葉であっても人それぞれ〝違うイメージで使っている〟場合がある」ということです。議論が噛み合っていないと感じたら、お互いが何をイメージしているかを確認し合う必要があります。

これからは「自社が言っているのはどんなリサイクルなのか」を第三者にハッキリ伝え、「相手のイメージしているリサイクルは何か」をできるだけ正確に把握する努力が必要になります。

やはりここでも「相手の話に心を込めて耳を傾ける（傾聴）」というコミュニケーション能力が求められます。くれぐれも、相手の話を聴かない人たちの不毛な議論に巻き込まれないようにしてください。

環境経営はあくまでも「企業理念を実現するための手段」です。従って、企業経営の基本である「コミュニケーション」努力が極めて大切であることを改めて確認していただきたいと思います。

私の判断基準

先に、「（1Rの場合は）リサイクルすればするほど資源とエネルギーを多く消費することになるので、〝リサイクルしてはいけない〟という立場に立つのは当然でしょう」と書きました。

しかし、「いや、この商品はリサイクル（再資源化）した方が環境に優しい」と主張する人や企業が出てくることが予想できます。実際にそういうこともあるでしょう。また、リユースするにしても、「大量のエネルギーを使う従来の品を長く使うよりも、省エネ性能抜群の新製品に買い換える方が環境に優しい」こともあるでしょう。

世の中は多様性で成り立っているのですから、このようなことが起こるのは当然です。

そこで私は、次のような基準でリサイクルを判断しています。

①大量生産・大量廃棄を前提としたものは、再資源化であれ、再利用であれ、資源とエネルギーの枯渇につながるので、避けるべきである。

②総量（エネルギーや資源の消費量と廃棄物量）の削減を最優先にしているものであれば、再資源化でも、再利用でも実施する価値がある。

例えば、「大量生産の効果によって販売価格が下がり、販売数が激増した場合」や「省エネ効果抜群で電気代が下がったのはいいが、その分が他の環境負荷の高い商品の購入に回された場合」などは、結果として社会全体の環境負荷を増大させてしまいます。このような現象を「リバウンド効果」といいます。

大量生産によって販売価格を下げることができたのは、トータルの製造費用が低下したのではなく、単品当たりの製造原価が下がったからです。省エネルギー効果で電気代が下がったというのも、社会全体で下がったわけではありません。

一般に「エネルギー原単位を○○%削減する」という表現が用いられる場合は、製品1台あたりとか1トンあたりのエネルギー使用量を削減することを意味します。

ただしこれは、「生産量を一定に保つ、あるいは削減する場合」にトータルのエネルギー使用量を削減できることを意味します。

販売量（生産量）が増大する場合は、たとえ「エネルギー原単位が減ったとしても」製品群全体としての使用エネルギーの総量が増えることになるので注意が必要です。

とは言え、企業として販売量の増大を目指すのは理解できます。これからは、エネルギー原単位もトータルエネルギー使用量も「同時に」削減することが求められるでしょう。

エコデザインを追求する

これまでの省エネルギー・省資源は「原単位（単品当たり）」で実現してきました。しかしスケールメリット（大型化・薄利多売）の追求によって、その効果が相殺されたどころか、トータルとしてエネルギーや資源の消費量が増えてしまっています（リバウンド効果）。

世界的な傾向として、今後要求される省エネルギー・省資源は「単品当たり数パーセント削減する」という改善レベルではなく、「絶対量として半減あるいは10分の1にする」という革命レベルなのです。これはどうしても達成しなければならない現代人の責任であり、使命です。

そのためには、「※1エコデザイン」や「※2エコマテリアル」を徹底的に研究し、実現しなければなりません。

なお、「エコデザイン」と「エコマテリアル」については極めて重要なので、改めて第2部で詳しく考えることにします。

※1 エコデザイン　ライフサイクル全般にわたって環境効率性の高い製品を設計すること。
※2 エコマテリアル　エコデザインの高い環境効率性を実現できる材料を選択すること。

―コラム―

ライフサイクルアセスメント（LCA）とは?

製品の製造から、販売・使用され、廃棄されるまでの間に、どの程度環境に負荷を与えるかを定量的に評価する手法です。

LCAでよく引き合いに出される事例に「テーブルの上にこぼしたコーヒーをティッシュペーパーで拭くのがいいのか、台ふきで拭くのがいいのか」というものがあります。実際に分析してみると、「台ふきの方が環境にやさしいし、コスト的にも得である」という結論が出ています（京都大学の高月紘氏の研究）。

しかし、もっと大切なのは「コーヒーをこぼさなかったら、ティッシュも台ふきもいらない」ということです。経営的に見ても、こぼしたコーヒーを処理するよりも、コーヒーをこぼさない方法を考えることの方が、はるかに重要です。

もっと言えば、コーヒーそのものが果たして必要なのかどうか→水だったらこぼれても何も問題ないじゃないか→コーヒーも水も必要のない方法はないのだろうか、というように、考えを発展させていくべきです。このような発想を展開していくことこそ、LCAの本質なのです。

LCAは一般に、製品を企画する際に「原料・素材の調達→製品の製造→販売→使用→廃棄」の各段階で、「環境に対してどのような負荷や悪影響を与える可能性があるか」を考慮することとされています。つまり企画段階の考慮事項であって、実際にどうなるのかを証明するものではありません。

現実には、廃棄の後に続く「蓄積・溶出→他の環境との接触・他の物質との相乗作用→拡散→食物連鎖による生物濃縮」などは、ほとんど考慮されていません。廃棄した後のことも熟慮している企業は、極めて少ないと思われます。

■LCAで考慮すべき「3つの可能性」

人工化学物質の中でも、きわめて安全とされたフロンのような物質でさえも環境を破壊する原因（オゾン層の破壊）となってしまいました。

このことは、当時の専門家でさえも予測できなかったということですが、今後もこの種の予測は不可能なのでしょうか。

人類は失敗から学ぶことができるはずですし、また学ばなければなりません。また、フロンの開発当時と違って、科学技術も発達しているし、環境破壊に関する悪夢のような過去の経験も持っています。これらのことから、私は十分に予測可能であると考えています。

新商品を世に出す前に、次の過去から学んだ「3つの可能性」をチェックしてみるだけでも多くの環境破壊が予防できると思われます。

①第1の可能性
いままで自然に存在しなかった物質は、自然にとっての汚染源となる可能性がある。

自然界になかったということは、それを分解する微生物も存在しない確率が高いことを意味します。したがって、それらが環境に放出されたとき、長期に渡って悪影響を与え続けることが予想できます。食物連鎖による生物濃縮や他の物質との複合作用も考える必要があります。環境ホルモンや核廃棄物・産業廃棄物がその例です。

②第2の可能性
ある条件のもとでは安定かつ安全な物質であったとしても、廃棄されるなどして別の条件下に置かれたとき、環境汚染物質に変化する可能性がある。

これを防ぐには、外の環境に放出された後の移動経路（流通経路）を予測し、そこで遭遇するであろう諸条件を考慮しておく必要があります。フロンが成層圏でオゾン層を破壊したり、無機水銀が海底の微生物や光の作用によって有機水銀に変わったりするのがこの例です。

③第3の可能性
現時点ではまったく問題のないものであったとしても、将来現れる新物質と反応して問題を生じる

可能性がある。
塩素系洗剤と酸性洗剤とが反応して塩素ガスを発生させたり、乳製品のタンパク質に次亜塩素酸ソーダ（塩素系消毒剤）が作用して、猛毒のシアン化合物が生成する可能性があります。

■生分解性プラスチックを「3つの可能性」から検討すると

ゴミ捨て場を見ると、ペットボトルやトレイなどの量に圧倒されてしまいます。また、生ゴミと違ってプラスチックは分解せずにいつまでも環境中に残ります。さらに、燃やすとダイオキシンや有毒ガスを発生させるため、燃やすに燃やせない状況です。

そこで、「生分解性プラスチック」が環境に優しい素材として注目されていますが、何か問題はないのでしょうか。

ここで、LCAで考慮すべき「3つの可能性」をもとに検討してみたいと思います。

①第1の可能性を検討すると……

生分解性プラスチックは、土や水中（水底）の微生物によって最終的に二酸化炭素と水とに分解するので、環境中に残らず「地球に優しい」と言われているプラスチックです。自然に存在しているものを使用しているという意味では、汚染源になる可能性は少ないと考えられます。

しかし、もし海や湖に捨てられる生分解性プラスチックが膨大になったとすると、分解の際に水中の微生物が酸素をすべて消費し、水域が嫌気性（酸素不足）になってしまう可能性があります。家庭の生ゴミや食品工場などから流れてくるヘドロも、ほとんどが生分解性です。

生分解性物質は、環境の許容限界（自浄作用の限界）を超えると、環境汚染物質となってしまうのです。

②第2の可能性を検討すると……

生分解性プラスチックは大気中では安定ですが、土の中や水中で分解するということはそれらの環境では不安定であることを意味します。もしプラスチック中に添加剤や可塑剤が含まれていた場合、これらの物質が全部環境中に出てしまうということになります。

③第3の可能性を検討すると……

生分解性といっても、一瞬で消えてしまうわけではありません。分解過程で生じる中間物質が他の化学物質、例えば滅菌（消毒）用の塩素などと反応してトリハロメタンのような発ガン性物質が発生してしまうかもしれません。

これら「3つの可能性」を検討してみると、生分解性プラスチックが環境中に大量に捨てられたとき、大きな問題を引き起こす可能性があると判定できます。

そして、このプラスチックが「真に地球に優しい素材」として活躍するためには、次の条件が不可欠となります。

①回収ルート、再資源化ルート（とくに堆肥化システム）を確立し、環境中に捨てられることがないように徹底管理すること。

②添加剤や可塑剤に使用する化学物質は、天然かつ無害が実証されたものを使用すること。環境ホルモンや発ガン性の疑いのある物質を使用してはならない。

③分解過程で生じる中間物質が、塩素系薬剤（次亜塩素酸ソーダなど）や活性化学物質と接触する可能性を徹底的に排除しなければならない。

もしこれらの条件が満たされない場合は、生分解性プラスチックは「地球に優しくない素材」として、非難の嵐を受けることになるでしょう。

■「捨てること」が根本問題

分解しないプラスチックは「悪の権化」みたいな言われ方をしていますが、「分解しない」つまり「長寿命」という素晴らしい特性を持っているのです。この特性を活かせば、優秀な「地球に優しい素材」になり得るのです。私たちは、プラスチックが分解しないから問題なのではなく、「プラスチックを捨てるから問題になる」ということを認識する必要があります。

このことを認識しておかないと、「どうせ分解するのだから、捨ててもいいだろう」と誤解する人が出てきて、あたり一面が「生分解性プラスチックの山」になってしまうでしょう（人間のモラルの問題でもあります）。そして、それらが閉鎖性水域に流れ込み、死の海・死の湖を復活させてしまうかもしれません。

私たちには、「第二、第三のフロンを世に出してはならない」という大きな責任があります。それが過去から学ぶということなのです。

(2)企業もリサイクルは避けて通れない

世界的に「循環型社会」に移行しようとする動きが強まっています。

循環型社会とは「廃棄物等の発生抑制、循環資源の循環的利用および適正な処分が確保されることによって、天然資源の消費を抑制し、環境への負荷ができる限り低減される社会」と定義されています（平成12年に施行「循環型社会形成推進基本法」による定義）。

簡単にいえば、「自然資源の過剰利用という現在の状況が修正され、効率的な資源利用や適正な資源管理が可能となることにより、少ない資源でより多くの満足が得られる環境への負荷の少ない社会（平成12年版『環境白書』）」のことです。

これを実現するためには、本書で繰り返し強調してきた「発生したゴミ・廃棄物をどうするか」という発想ではなく、「ゴミ・廃棄物を発生させない」という大原則に立ち戻らなければなりません。

企業活動においても、この大原則が極めて重要になってきています。もはや、ゴミ・廃棄物を無造作に廃棄する企業は「社会悪」とみなされ、存続自体が難しくなるでしょう。

21世紀の企業は、循環型社会構築の担い手として一層の努力が求められているのです。

ただし未来ビジョンとして、循環型社会という「循環のような社会」ではなく、すべてが循環で成り立つ「真の循環社会」の構築を描いておく必要があるでしょう。

私は、「真の循環社会」を「リフューズ・リデュース・リユースを徹底し、リサイクル（ここでは再資源化の意味）の輪を少しずつ小さくしながらサイクル（循環）化を促進していった結果、ついにサイクルだけで成り立つことができるようになった社会」とイメージしています。

(3)企業に課せられた「拡大生産者責任」とは？

2000年5月、大量廃棄社会から循環型社会への転換を掲げる「循環型社会形成推進基本法」が成立しました。基本法は使用済み製品や廃棄物などを循環資源と位置づけ、処理の優先順位を、①発生抑制、②再使用、③再生利用、④適正処分、と明確化しています。

具体的には、①まずは循環資源の発生抑制に最大限の努力を払い、②発生した循環資源を再使用し、③それでも発生してしまった循環資源を再生利用（再資源化）し、④どうしても使い切れずに余ってしまった廃棄物を環境に悪影響を及ぼさないように適正に処理する、ということです。優先順位があることを再確認してください。

そして同法では、事業者の責務として「拡大生産者責任」という考え方を導入し、廃棄物（循環資源）の減量化、適正処理に加えて、「製品や容器がリサイクル利用されやすいように、リサイクルの仕組みが整備されれば製品や容器を引き取りリサイクルすること」を求めています。

「拡大生産者責任（ＥＰＲ：Extended Producer Responsibility）」とはＯＥＣＤ（経済協力開発機構）が提唱したもので、「生産者が製品の生産・使用段階だけでなく、廃棄・リサイクル段階まで責任を負う」という考え方です。

具体的には、「事業者は廃棄物の発生を抑制し、ゴミになりにくい製品づくりの責任を負うほか、リサイクル推進のために必要な場合は使用済み製品を引き取り、リサイクルや廃棄処分を行う義務がある」ということです。

基本法の下に位置する個別法としては、次のようなものが施行されています。

①容器包装リサイクル法（容器包装に係る分別収集及び再商品化の促進等に関する法律）
瓶・缶・包装紙・ペットボトルなどの分別回収や再資源化を促進。

②家電リサイクル法（特定家庭用機器再商品化法）
エアコン・洗濯機・冷蔵庫・テレビ・衣類乾燥機などの家庭用の使用済み電気製品について製造業者・輸入業者に回収と再利用を義務化。

③建設リサイクル法（建設工事に係る資材の再資源化等に関する法律）
コンクリートや木材の再資源化を促進。
④食品リサイクル法（食品循環資源の再生利用等の促進に関する法律）
食品に関する製造業者・加工業者・販売業者に食品のゴミの再資源化を促進。
⑤自動車リサイクル法（使用済自動車の再資源化等に関する法律）
使用済み自動車の解体時に部品などについて製造業者・輸入業者に回収処理を義務化。

(4)リサイクル(再資源化)はサイクル社会への一里塚

これからは4Rという考え方が主流になってくるでしょう。

多くの企業では、これまで4Rという言葉を避けてきました。それは、「購入を断る（買わない）とか」「元を減らす」という考えが浸透すると、商品が売れなくなり企業として成り立たなくなる恐れがあると心配しているからです。

しかし世の中の流れとして、4Rに向かう可能性が高まりつつあります。現状では3Rを目指す企業が多数を占めていますが、4Rに取り組まざるをえない時期が来る可能性をリスク管理の一貫として考慮しておく必要があります。

企業リスクの中で、ひとたび起こると企業の存続を脅かしかねない脅威は「消費者（生活者）の価値観転換リスク」です。いわゆる「ネガティブな風評」はアイドルや著名人など、ほんの一握りのカリスマの発言だけでも瞬時に広がるものです。

近いうちに消費者の価値観転換が起こる可能性が高いのは、「購買動機が3Rから4Rへシフトすること」だと思います。企業として、そう時の対策を今から考えておくべきです。おそらく、高付加価値（本物）商品、リースやレンタルシステム、成長進化型商品（モジュールや部品を交換するだけで高機能に進化する商品：リファービッシュ商品と呼びます）、メンテナンスサービス事業などが、脚光を浴びることになるでしょう。

そして、「物ではなく機能を売る」という「サービサイジング」というビジネス形態が進化発展してくると思われます。「物が出ていくほど儲かる時代」から「物が出て行くほど損する（物を使わないほど儲かる）時代」へのシフトです。

これは「環境負荷の低減」が「企業収益のアップ」に直結し、企業も社会も（ひいては地球環境も）良くなるという意味で、非常に可能性の高い社会変動だと思います。

しかも数十年先の話ではなく、近未来に予想されることであり、すでにその兆候が現れています。

変動が起こって慌てて対処するのではなく、企業規模や業態に関係なく、早急に「わが社にとってのサービサイジングとは何か」の検討を開始することをお薦めします。

なお「サービサイジング」はこれからの環境経営や環境ビジネスの核となる可能性が大きいので、「エコデザイン」同様、第2部で詳しく取り上げます。

―コラム―

炭素税（環境税）について

ここまで「環境経営」について考えてきましたが、「実施するか、しないか」はすべて各企業の自主性に委ねられています。しかし、地球環境問題・人口問題・食糧問題（互いに関連しあっています）などが深刻化し、持続する社会の構築どころか、生態系を道連れに人類が地球上から消滅してしまう恐れさえ出てきています。

そこで、「自主的取り組みだけでは間に合わない」事態を避けるために、より実効性のある制度が施行されてきています。

すでに欧州では、炭素税など「環境税」が相次いで登場しています。税の考え方としては、「環境に良い影響を与える行為には減税ないしは補助金を出し（goods減税）、環境に悪影響をもたらす行為には課税・増税する（bads課税）」が基本です。

環境税を世界で初めて導入したのは北欧のフィンランドで、1990年1月から化石燃料の炭素量に応じて課税しました。その後、ノルウェー、スウェーデン、ドイツ、イギリス、フランスで炭素税または炭素税的な環境税が導入されています。

日本でも環境省が「環境税」という名目で「化石燃料に対して炭素1トン当たり2400円を課す」案を提示しています。「省エネ住宅や低燃費自動車の購入などに伴う減税措置を拡充することで、環境税を導入しても全体として極力増税にならないように配慮する」としていますが、日本経団連など産業団体が新たな負担を伴う新税の導入に反対しています。

一方、国立環境研究所は軽減措置などを含めて環境省のとおりに環境税を導入した場合、「税を導入しない場合と比べて、二酸化炭素排出量が2009～2012年度の平均で0・31％削減、2020年度には3％削減できる」と試算しています。また「国内総生産（GDP）への影響は、2009～2012年度平均で0・029％減、2020年度で0・002％減にとどまる」との見通しを示しています。

ここで、特に中小企業経営者の方にお伝えしたいことがあります。

産業団体が反対しているからといって、環境税が導入されないという保証はありません。私個人としては、導入は避けられないのではないかと思っています。

導入に「反対している」ことと「対策をとらない」こととは、何の関係もありません。鉄鋼や電力関係などの大手企業は、まちがいなく導入された場合の対策を考えています。あるいは考え中のはずです。

それがリスク管理であり、「導入することは想定していなかったので、対策をとりませんでした。だから、倒産しました」という弁解が通用するはずはないのです。

各社横並びで対策が揃い、体制が整った時点で、産業界は「環境税導入」に同意する可能性が高いと思います。

そのときに、「そんなはずでは……」と、途方に暮れないように、いまから対策を立てておく必要があります。まちがいなく中小企業にしわ寄せが行くことになるからです。

すぐにでも、「環境税が導入されたと仮定して」対策を考え始めてください。もし、導入されたとしたら対応できますし、導入されなかったとしても「省エネルギー・省資源を始めとする環境経営力が強化されることで、企業としての競争力も増している」はずです。

環境税の導入は、中小企業にとっても「リスク」には違いありませんが、一方では「大きなチャンス」でもあるのです。


——コラム——

排出量取引について

排出量取引とは、「温室効果ガスである二酸化炭素の排出を減らすため、二酸化炭素の排出超過分や不足分を国や企業が市場で取引する仕組み」です。

環境税と同様、「自主的取り組みだけでは間に合わない」事態を避けるために、現状の経済システム（市場原理）を利用して二酸化炭素の排出量を削減しようとするものです。

具体的には、国や企業ごとに温室効果ガスの排出枠（キャップ）を割り当て、枠を超えて排出した国（企業）と余っている国（企業）との間で排出枠を取引（トレード）し、結果として全体の排出量を一定の範囲内に収めることを目的としています。「キャップ・アンド・トレード（Ｃａｐ＆Ｔｒａｄｅ）」とも呼ぶこともあります。

２００５年に発効した京都議定書では、１９９０年の温室効果ガスの排出量を基準にして、「２００８年から２０１２年までの間に温室効果ガスを先進国全体で５・２％削減する」という数値目標が決められました。日本は６％削減することを約束しています。

排出量取引では、この数値を基準にして二酸化炭素排出量の上限を決め、国同士が二酸化炭素排出量の排出超過分と不足分を市場で取引します。国や企業が二酸化炭素の排出削減目標を国内の省エネ活動などでは達成できない場合、削減目標を達成した国や企業から排出枠を買い取って穴埋めをすることができます。

例えばＡ社、Ｂ社ともに１００トンずつの削減目標があり、「１００トンの二酸化炭素を削減するのにＡ社は１００万円、Ｂ社は１０万円の費用が必要」だとします。

ここでＡ社は「費用が大きすぎるという理由で」何の対策も行わず、Ｂ社は「これまでの省エネのノウハウをさらに発展させて」２０万円の費用で２００トンの削減を達成しました。

このとき、Ａ社がＢ社から１００トン分の排出枠を５０万円で購入することで、両社とも１００トンの削減目標を達成したことになります。そしてＢ社は４０万円の利益が得られ、Ａ社は削減費用を５０万円低減できたことになります。このように、省エネ投資をするよりも安い費用で（あるいは費用をかけなくても）削減目標を達成できることになります。

しかし「省エネ努力を放棄して排出枠を安易に買い取ること」は経済的には合理的であったとしても、人間としては恥ずかしいことです。あくまでも排出量取引は、二酸化炭素（温室効果ガス）の削減努力を補完するものにすぎないのです。

そもそも二酸化炭素を排出する「権利」などあるはずがありません。そのために、「排出〝権〟取引」ではなく「排出〝量〟取引」と表現されているのです。本来の意味からすると「排出量削減義務取引」とすべきものです。

また、目標が課せられているのはEUや日本など計38カ国・地域だけで、これらの国や地域にある工場が途上国に移転すれば排出量の削減義務はありません。かつて規制が甘いことをいいことに工場を途上国に次々に移転し、国内産業の空洞化現象と進出先における深刻な公害問題を引き起こしたことがありましたが、同じことを繰り返すような愚を犯してはいけません。

二酸化炭素（温室効果ガス）の削減は、企業としての、経営者としての、そして人間としての「義務」であり「責任」であることをしっかり自覚して、取引に臨まなければなりません。

■日本では？ ……儲かるの？ ……採用すべきなの？
おそらく、「理屈はいいから、排出量取引は儲かるのか、損するのか？」「排出量取引を採用すべきなのか、すべきでないのか？」という疑問が浮かんできていると思います。

申しわけありませんが、現時点では私としても判断できかねます。

日本では電力・鉄鋼業界など産業界の反対が強く、本格的な国内の排出量取引制度の導入には至っていません。反対理由としては、「削減義務を負わない国との国際競争力が低下する懸念がある」「政府が企業に強制的に排出枠を割り当てる方式は公平性を欠く」などの意見があります。

また、企業に工業製品のコスト増をもたらし、日本の「ものづくり」に悪影響を与えかねないと声もあります。ただこれについては、方法によっては必ずしもコスト増につながらないこともあり、製品を個別に検討する必要があります。

環境対策がコスト増とならないだけでなく、場合によっては利益の源泉になる。

これこそが本書を貫くテーマですので、じっくりお読みいただけたらと思います。

これまで述べたように、排出量取引は発展途上の仕組みです。いまは、先行企業の成果や生じた問題点に関する情報をできるだけ集め、企業としてどう対処すべきかを研究する時期だと思います。

一方、「排出量取引は大企業向けで中小企業には関係ない」という意見もありますが、中小企業向けの施策も生まれてきています。

例えば経済産業省は「国内クレジット制度基盤整備事業」（国内クレジット制度推進のための中小企業等に対するソフト支援事業）を創設し、「国内排出量取引制度」を活用しようとする中小企業への本格支援に乗り出しています。

この制度は、大企業の技術・資金等を提供して中小企業が行った温室効果ガスの排出抑制のための取り組みによる排出削減量をクレジットとして認証し、自主行動計画等の目標達成のために活用する制度です。

例えば省エネ設備の更新は中小企業にとってのコスト増となりますが、ここで得た排出枠（国内クレジット）を大手企業に売却し投資回収の原資とすることができます。

大企業にとっても、購入した国内クレジットを自社の二酸化炭素削減実績に充当することが可能となります。

そこで、経産省は国内クレジットの認証を支援し、省エネ事業所などの排出削減を促すために「省エネルギー対策を進めている中小企業組合や中小企業に診断員を派遣し、二酸化炭素の排出削減に関する無料診断を行う」「診断結果を踏まえて、同制度活用に必要な二酸化炭素排出削減に関する事業計画の作成を支援する」「同制度活用に向けた認証に要する費用の半分（上限５０万円）を負担する」などの事業を行っています。

なお同省では次の８つの企業・団体に業務を委託し事業を進めていますので、興味のある方は問い合わせてみてください。

株式会社あらたサステナビリティ認証機構　／　全国中小企業団体中央会　／　株式会社日本環境取引機構　／　日本商工会議所　／　日本テピア株式会社　／　北電総合設計株式会社　／　みずほ情報総研株式会社　／株式会社山武

第6章「環境ISOの認証を受けているので地球に優しい」

(1)環境ISOとは？

環境ISOとも言われているISO14000シリーズは、1992年、地球サミットをきっかけに策定がはじまった環境マネジメントシステムに関する国際規格の総称です。

そのうちISO14001はISO14000シリーズの構成要素の1つで、認証登録の対象になっています。ISO14001に適合していることを「自己宣言」で表明することもできますが、一般的には信頼性を担保するために「外部機関（第三者）による審査登録制度」が活用されています。

この制度に基づいて組織を審査し、適合していることが確認された場合は登録証書が発行され、公に証明されることになります。これをISO14001の認証（審査登録）といいます。なお有効期間は、おおむね登録日から3年間です。

ここで重要なことは、ISO14000シリーズは法的規制ではなく、あくまでも「**自主的な取り組み**」であること、また「**情報の徹底公開と継続が命**」であるということです。

つまり、法令で決まっているから仕方なく従うのではなく、「使命感に基づく自らの継続的改善努力によって地球に対する負荷を軽減」していこうとするものなのです。

(2)継続的改善の意味

ISO14000シリーズにおける「継続的改善」というのは、あくまでも「環境マネジメントシステムの継続的改善」のことです。

しかし、地球環境問題は「継続的な改善」レベルでは、とても間に合いません。

本来は、「環境マネジメントシステムの継続的改善によって環境負荷を革命的に低減する」と言うべきなのです。大切なことは、ISO14000シリーズであろうとなかろうと「環境負荷を大幅に低減するための緊急な改革」が求められているということです。

たまに「継続的改善を実現させなければISO14001の認証更新ができないから、低水準から始めよう」という企業がありますが、この姿勢は本末転倒であり、地球環境の保全には何の役にも立ちません。

また、ISO14001の認証登録を受ける前に、徹底的に工程(プロセス)を見直し、簡素化しておくべきです。無駄や問題を抱えたまま認証を受けても、手間や文書量が膨大になり、コンサルタント料も審査費用も高額になるでしょう。工程を簡素化したり、使用する化学薬品を問題のないものに変えたりしておけば、人・文書・お金の大幅な削減が可能になるのです。

情報システムの構築の際、「複雑で、しかも例外の多いままでシステムを導入すれば、コンピューターやソフトに関わるコストが膨大になる。手作業でも現状の2倍のスピードになるように業務を改善し、そこにシステムを導入すれば、大幅にコストを削減できる」というのは常識ですが、ＩＳＯ１４００１の認証登録においても同じことなのです。

さらに、例えば環境負荷の低減はコストの削減、つまり利益につながるケースが多いものです。したがって、環境負荷の大幅な削減が現時点で可能にもかかわらず継続的改善でよしとする考え方は、得られるはずの利益を放棄していることになるのです。

このことから、先の「継続的改善しなければＩＳＯ１４００１の認証更新ができないから、低水準から始めよう」という考えは、一般的な企業経営にとってもきわめて有害といえます。

(3)たとえば、コピー用紙の削減について

一例をあげましょう。

コピー用紙削減のために両面印刷する。改善レベルの対策であればこれで良いでしょう。しかし、この発想ではやがて限界が来ます。使用量を根本的に削減する方法を考えた方がもっと効果的です。

「コピー用紙があと数枚しか残っていないという気持ちで作業してみる」「コピー用紙を部署ごとに割り当て、それを超えると節約した部署から購入しなければならない」「ミスコピーすると1枚100円の罰金（何回か連続してミスコピーしなければ取り戻せる）」、などとルールを決めると大幅に用紙の削減が図れます。

次のステップは、罰金などというペナルティでなく「意識しなくてもミスコピーしない方法やシステム」を考えるべきです。例えば、「ITを駆使したペーパーレスオフィスの構築」にチャレンジしてみる価値があります。

この他にも「全社的な文書作成トレーニングによって、今まで10枚分書いていたものを1枚にまとめる能力を身につける」などもお薦めです。この例のように、「社員の能力アップによって環境負荷を削減する」のが長い目で見て、最も有効な方法といえます。

あなたの会社でも、ドラスティックな改革に挑戦してみませんか。

―コラム―

継続的改善のワナ

前述のように、ISO14000シリーズにおける「継続的改善」というのは、あくまでも「環境マネジメントシステムの継続的改善」のことを言います。

これを「環境負荷の継続的改善」と解釈すると、取り組みが遅れた企業ほど評価を高くしてしまう可能性があります。

反対に言うと、長く取り組んできた企業ほど改善率が小さくなり、評価が低くなってしまうことがあります。環境保護のために車を手放した人を高く評価する一方で、「もともと免許すら持っていない人の存在忘れてしまう」ことによく似ていますね。

これでは、長期にわたって環境負荷の低減を実現してきた企業に「地球に優しくない」というレッテルを貼りかねません。

■真に地球に優しい企業とは？

近年、環境経営度調査をはじめ、環境の視点を経営に取り入れている企業がクローズアップされてきています。これはこれで良い傾向とは思うのですが、ランキング結果を見ていて「やっぱり変だ」と思ってしまうのです。

以下に2つの事例を挙げますが、さて、どちらが「環境経営度が高い企業」でしょうか？

（例1）

①ある商品を世に出そうとしたが、環境に対する悪影響が予想されたので、販売を断念した。
②ある商品の環境への悪影響が予想されたが、あえて販売に踏み切った。しかし、予想通り環境への負荷が大きかったので、毎年「継続的改善」を図り、当初の環境負荷の10分の1にまで低下させた。

（例2）
①創業時から全商品にレンタルシステムを導入していた。
②環境負荷を低減するために最近になってレンタルシステムを導入し、その割合を増やしつつある。

環境経営度を測る基準で「環境負荷の継続的改善」を重視すると、どちらのケースも②が「地球に優しい企業」として評価されます。どうしてかというと、「前年度からどれだけ改善したか」が基準になっているからです。

真に「地球に優しい企業」とは、環境負荷の大きい、あるいは大きくなる可能性のある商品を市場に出さない決断をした企業です。

一方、「環境に大きな負荷がかかる商品を大量に販売しておいて、後になって少しずつ負荷の低減を図る（継続的に改善する）」というのは、地球に優しい企業がすることではありません。

■地球に優しいとは？

本書では、頻繁に『地球に優しい』という言葉を使っています。また、最近、『地球に優しい』という表現が多く使われています。

しかし「何となくわかるようでわからない」という人も多いのではないでしょうか。ここでその意味をハッキリさせておきましょう。

マーケティングの世界では、「あいまいな表現は消費者保護の観点から避けるべきだ」として「優しい」

という言葉が消えつつあります。「地球に優しいなんて傲慢だ」という声もよく聞きます。

しかし、本来「優しい」とは「周囲や相手に気を使ってひかえめである、つつましい、おだやかである、素直である、情け深い」、というように、「思いやり」を表す言葉です。少なくとも私には、傲慢さなど少しも感じません。

古語辞典で「やさしい」を調べてみると、「やせるほど恥ずかしい（やせるくらいに恥ずかしく思う）」と書いてあります。これが日本古来の意味です。やせるほど恥ずかしい気持ちで「どうしよう、今できることは何だろうか」と悩み、苦しみ、そして心から「憂いた人」。このような人を「優しい人」と言うのでしょう。

以上のことから私は、「地球に優しい」とは、地球に対して持つ「（環境汚染や利己主義を蔓延させて）やせるほど恥ずかしいという気持ち」と解釈するようになりました。

本書にひんぱんに出てくる「地球に優しい」という言葉の根底には、私自身のそんな想いが流れています。この点をご理解いただき、本書を読み進めていただければ幸いです。

(4)ISO14001に取り組むメリット

ＩＳＯ１４００１に取り組むのは、法律で決まっているわけではなく、自由意志に任されています。しかも、第三者の認証登録を受けるためには、相当のコストがかかります。

では、なぜ多くの企業や団体がこの規格の認証を受けようとしているのでしょうか。

それは、当然メリットがあるからです。

その内のいくつかを上げてみましょう。

①環境管理（環境マネジメント）が正しく行われていることを第三者に保証できる。
②一般の人々や地域社会との良好な関係を維持できる。
③グリーン・インベスター（緑の投資家＝環境に優しい企業に投資しようとする人）の基準を満たし、資金調達を改善することができる。
④企業イメージが高まり、市場で優位な立場に立てる。
⑤環境管理システムを構築する過程で他部署とのつながり（関連）が明確になり、組織力のアップが図られ、工程管理、原価管理、販売管理体制が確立できる。
⑥結果として省エネ、省資源化が図れる。
⑦行政や企業、各種団体の中で広がってきている「グリーン調達」や「グリーン購入ネットワーク」に対応できる。

「グリーン購入ネットワーク（GPN：Green Purchasing Networks）」とは、環境庁（当時）の外郭団体である財団法人日本環境協会が事務局となり1996年2月に設立された推進団体のことです。企業や官公庁が物品やサービスを購入する際に、環境負荷の少ない物を選んで優先的に購入すること（グリーン調達）を呼びかけています。

2008年11月25日現在で企業2381社、行政268団体、民間団体271の計2920団体が加入しています。

なお、ここでいう「環境負荷の少ない商品」とは、次のような物です。

①メンテナンスが容易で長持ちする商品
②省資源・省エネルギー型の商品
③再使用可能な商品
④リサイクルしやすい商品
⑤再生素材などを利用した商品
⑥エコマーク商品、グリーンマーク商品、環境にやさしい買い物運動推奨商品など

(5) ISO14001のデメリット

ISO14001について、特に中小企業にとってデメリットとなりそうなものをいくつかあげてみましょう。

ただし、このデメリットを克服した際は企業力のアップにつながることはいうまでもありません。

①親企業の要請（圧力）によって、部品などの納入企業が認証登録せざるを得なくなり、拒否すると取引を停止される恐れがある。

②ISO14001の認証を受けていなくても地球環境に負荷をかけない、あるいは地球環境の改善に貢献している企業は数多くあるが、ISO14001だけで判断すると、これらの企業が見えなくなってしまう。

現在、わが国には約600万の事業所があるとされています。たとえ10万の事業所がISO14001を認証登録したとしても、あと590万残ります。日本の現在の登録件数は中国に次いで世界第2位ですが、2007年末現在で2万8000ほどにすぎないので、この規格だけで地球環境を守ることはきわめて難しいといえます。

したがって、消費者（生活者）や行政はＩＳＯ１４００１を取得している、していないに関わらず「地球に優しい」企業を育成し、応援することが絶対に必要です。

③認証を受けている企業を信頼しすぎて、企業調査が甘くなる可能性がある。

当初は安全・無害と考えられていた化学物質や生産プロセスが、後になって環境被害を引き起こすことが頻繁に起こっています。認証登録企業だからといって、必ずしも絶対的に地球に優しいとはいえないのです。

認証済み工場の地下水から発ガン性の有機塩素化合物などが検出されたり、様々な偽装工作や不正が摘発される企業が存在していることからも、「認定済み＝地球に優しい工場」であるとは限らないことがわかるでしょう。

④事業所（サイト）ごとに取得できるので、（ＩＳＯ１４００１を使命感から取得していない企業が）環境負荷の大きい業務を子企業や資材などの納入企業に、また発展途上国に押しつける可能性がある。

⑤事業所が世界各国にある場合、各国の法律ごとに環境保護基準が異なり、例えば日本で当然違反になるはずの廃棄物の流出もアジア諸国では違反にならず、見過ごされてしまう恐れがある。

⑥取得事業所の数を競い合うことが主たる目的になってしまう可能性がある。

(6)ISOを活かすために

私たちは、良いと思うことでも何かと理由をつけて(多くの場合、できない理由を探しまわって)現状を維持する方を選択し、ズルズルと先延ばしにする傾向があります。

そして一大事が起こった時、「ああ、あの時すぐに取り組んでいたら、こんなことにはならなかったのに」「いつかこんな日が来ることはわかっていたのに」と後悔する人が多いのではないでしょうか。

もしあなたがそうであれば、これからは「できる方法を1つでもいいから見つけて、すぐに取りかかる」ことを習慣になるまで繰り返しましょう。

計画を立てる → 実行してみる → 結果を見て反省し、どうすればもっと良くなるかを検討する → 当初たてた計画により近づけるための方法を検討する、あるいは当初計画をストップするか続けるか決める → 計画を見直し、より進化した計画を立てる……。これをずっと繰り返す……。

いわゆる「PDCAサイクル」ですね。

ちなみに一般的な「PDCAサイクル」は、次のような意味で使われています。

Plan（計画）：従来の実績や将来の予測などをもとにして業務計画を作成する。
Do（実施・実行）：計画に沿って業務を行う。
Check（点検・評価）：業務の実施が計画に沿っているかどうかを確認する。
Act（処置・改善）：実施が計画に沿っていない部分を調べて処置をする。

もちろんこれで問題ないのですが、どのステップにおいても「できない理由ではなく、できる方法を考える」という視点が不可欠です。

また「Check」の段階では、「××がないからできなかった」という後ろ向きな言い訳ではなく、「○○があればできる」と前向きに検討することが大切です。

なお、ここで言う「サイクル」とは、同じところをグルグル回る円運動ではなく、周回ごとに進化する「上昇スパイラル運動」であることは言うまでもありません。

そしてＩＳＯをより実行あるものにするために、その本質を、（良いと思ったことを）「いま（Ｉ）すぐ（Ｓ）おこなう（Ｏ）こと」と考えてみてはいかがでしょうか。

(7)ＩＳＯ14001の導入を成功させるために

多くの解説書では経営者の決断が成功への第一歩であると書かれています。

しかし、最も重要なことは、まず経営者自身が地球環境の実態を実感し、人間としての、また企業としての責任を自覚することです。

地球環境が破綻寸前であることに（良い意味で）絶望することで「わが社が先頭を切って地球環境のためにできることを始めよう」という使命感が湧いてくるでしょう。そして、地球環境の実態と使命感を従業員に伝えるのです。

使命感がなければ、ＩＳＯ１４００１の認証取得を志したとしても、ちょっとした販売不振でもあっさりと断念してしまうことになるでしょう。

「本気で地球環境問題の解決に貢献しようと、使命感に基づいて行動している企業」であれば、ＩＳＯ１４００１の認証を受けている、受けていないに関わらず「地球に優しい企業」として評価し、応援することが地球環境保全にとって不可欠なのです。

認証はあくまでも「経営目的を実現させるための手段」であることを常に意識しておくことです。

いつの間にか手段が目的実現の障害になったり、手段が目的そのものになってしまうことはよくあることです。何のための認証取得なのかを「いつでも、どこでも、だれでも」確認できるようにしておいてください。

これらのことは、コンサルタントや認証機関の専門家も十分に心得ていただきたいと思います。また、企業サイドとしてはこうした提案のできるコンサルタントをパートナーとして選定することが非常に重要です。

――コラム――

エコアクション21について

最近では、ISO14001ではなく「エコアクション21」に取り組む企業も増えてきました。エコアクション21は、中小事業者も比較的容易に取り組める環境マネジメントシステムの1つです。

環境省が策定した、「環境への取り組みを効果的・効率的に行うシステムを構築運用し、環境への目標を持ち、行動し、結果を取りまとめ、評価し、報告する」ための方法である「エコアクション21ガイドライン」に基づき、ISO14001と同様、認証・登録制度を採用しています。

なお、認証・登録は財団法人地球環境戦略研究機関持続性センターが実施しています。

■エコアクション21の特徴

①中小企業等でも容易に取り組める

中小事業者等の環境への取り組みを促進するとともに、その取り組みを効果的・効率的に実施するため、中小事業者でも取り組みやすい環境経営システムのあり方を示すガイドラインが規定されています。

実際にエコアクション21の認証を取得した事業者の、20%が従業員10人以下、38%が30人以下の企業です。

②必要な環境への取り組みを規定している（環境パフォーマンス評価）

エコアクション21では、必ず把握すべき項目として二酸化炭素排出量、廃棄物排出量及び総排水量が規定されています。

さらに、必ず取り組むべき行動として省エネルギー、廃棄物の削減・リサイクル及び節水の取り組みが規定されています。これらの取り組みは、環境経営にあたっての必須の要件です。

③環境コミュニケーションへの取り組みを必須にしている（環境報告）

事業者が環境への取り組み状況等を公表する環境コミュニケーションは、社会のニーズであるとともに、自らの環境活動を推進し、さらには社会からの信頼を得るための必要不可欠の要素となっています。

そこで、環境活動レポートの作成と公表が必須の要素として規定されています。

■エコアクション21に取り組むメリット

①総合的に環境配慮を進めることができ、比較的容易に効率的に取り組める

環境経営システムと環境への取り組み、環境報告の3要素が1つに統合されたガイドラインが用意されているので、環境への取り組みを総合的に進めることができます。

また比較的容易、かつ効率的に取り組むことができます。

②経営的にも効果を上げることができる

環境経営システムを構築・運用することにより、環境への取り組みの推進だけでなく、経費の削減や生産性・歩留まりの向上、目標管理の徹底など、経営的にも効果をあげることができます。

③ステークホルダーに対する信頼性が向上する

環境活動レポートを作成、外部に公表することでステークホルダー（株主・取引先・一般消費者などの利害関係者）に対しての信頼性が向上します。

④グリーン購入（グリーン調達）に対応できる

大手企業が実施しているグリーン購入（グリーン調達）への対応が可能になり、サプライチェーンのグリーン化に貢献することができます。

⑤審査・登録と維持が比較的安価に可能になる

ＩＳＯ１４００１と比べて、審査・登録費用が４分の１から１０分の１程度で実施できるとされています。また維持費用も１０分の１程度で済むと言われています。

■エコアクションのデメリット

エコアクション２１には、「国際的に通用しない」とか「認知度が低い」というデメリットがあるとされています。

しかし、今後の進展によって解消に向かうと思われます。というよりも、認証企業が自らの環境貢献を社会に示し、国際的にも認められるように活動の輪を広げていく努力が不可欠です。

そのためには、一般に言われている「エコアクション２１はＩＳＯ１４００１の簡易版」という誤解を解く必要があります。

エコアクション21は事業者の業種、業態、規模に応じた取り組みの実施、環境マネジメントシステムの構築・運用を求めています。そこには環境マネジメントシステムとして一般に必要と考えられる要素を全て含んでおり、決して簡易版ではないのです

実際に「二酸化炭素排出量、廃棄物排出量、水使用量を把握し、これらの環境負荷を削減すること」、そして「環境活動レポートを作成し、情報を公開すること」を要求事項としており、その点ではむしろISO14001よりも企業としての責任をより自覚させるものです。

まだまだ環境負荷の削減の余地があると認識している企業にとって、エコアクション21は企業の体力強化をもたらす力強い経営ツールになってくれることでしょう

言うまでもないことかも知れませんが、ISO14001であろうとエコアクション21であろうと、環境マネジメントシステムそれ自体が目的になってしまってはいけません。あくまでも「環境への取り組みを適切に行うことを通じて、経営に役立てるための手段でありツール」です。

このことを忘れなければ、どちらも環境保全と企業経営を両立させるための素晴らしい役割を担ってくれることでしょう。

第7章「想いが伝わらない」

(1)よいものが伝わらないわけ

環境経営に取り組む企業から、「せっかく地球に優しい商品・サービス（エコプロダクツ）を出したのに誰も振り向いてくれない」「私たちの環境を良くしようという熱い想いが伝わらない」などの本音（弱音？）が出ることがあります。

一所懸命に開発し、ようやく販売にたどりついた商品ですから「何とかして成功させたい」と願うのは当然です。しかし、その想いが空回りしているとしたら・・・？

というわけで、ここでは「商品や想いをどのように世間に伝えるか」という問題を考えてみることにしましょう。

私が長年にわたって環境分野に係わってきて気づいたことがあります。

「関心のないものは見えない」ということです。

環境に関心のない人に、「これはエコ製品です。エコプロダクツです」と言っても、何のことだかわかりません。

　何よりも「いかに関心を持ってもらうかを考えること」が極めて大切なのです。


　まずは、下の新聞記事をご覧ください。いかにも物騒な記事ですね。

　神戸や阪神間を襲った大地震（阪神淡路大震災）は、死者6433名、行方不明者3名、負傷者4万3792名、全半壊家屋合計約25万棟（約46万世帯）という大きな被害をもたらしました。

　私は前述のように尼崎市で震災を体験しました。すぐ近くの新幹線の橋桁が落ちてきたときは、まるでミサイルが落ちたようでした。

　さて、その時、被災地に住んでいる人は何と言っていたでしょうか。

総合　1995年(平成7年)1月8日　日曜日　神戸新聞

M７級地震　近く続発か

京阪の断層 300年も沈黙

琵琶湖西岸から大阪に至る花折・金剛断層系で、三百年以上も目立った活動がなく、マグニチュード（M）７クラスの地震を起こすエネルギーを蓄えている可能性の高いことが、立命館大学理工学部の見野和夫教授の研究で分かった。同教授は二十一世紀半ばまでにM７以上の地震が連続して起きる可能性があると指摘、「関西は地震に対する意識が薄く、防災体制が不十分」と警告している。

立命大の見野教授

過去の文献分析し警告

　見野教授は過去の文献などを利用した統計的分析で、同断層系で起きた地震をピックアップした。

　その結果、七〇一年に丹後半島近くで起きたM７の地震後、この断層系では小地震の発生と関係なく、九三八年、一一八五年と、約二百年間隔でM７クラスの大地震が発生していることが分かった。

　また一一八五年以後約四百年間は静かだったが、一五九六年と一六六二年に、M７・５以上の地震が相次いで発生、エネルギーを放出したらしい。

　豊臣秀吉の朝鮮出兵「慶長の役」直前の一五九六年に起きた地震では、京都で約五百人、大阪・堺で六百人以上が死亡し、伏見城の大天守も崩壊したという。

　見野教授によると、同断層系を震源とする大地震はこの一六六二年が最後で、その後の地震は同断層系を囲むように発生。断層の活動が停止したとは考えにくく、前回同様、かなりのエネルギーが蓄えられている可能性がある、としている。

「神戸で地震が起きるなんて、見たことも聞いたこともなかった」という声が多かったと記憶しています。

しかし実際には、上の記事のように「京阪の断層　３００年も沈黙　Ｍ７級地震　近く続発か」と新聞で報道されていたのです。

ところでこれは、いつの新聞でしょうか。日付と新聞名を見てください。

１９９５年１月８日の神戸新聞。震災が１９９５年の１月１７日ですから、何と９日前にこの記事が載っていたのです。しかも神戸新聞に！

実は、前年の１９９４年１２月１日、朝日新聞にも「大阪とか神戸の地下には活断層がたくさんある」という内容の記事が掲載されていました。

1994.12.1

歴史的に地震多発

21世紀 来るか大型

文献・遺跡が証明

震災1ヶ月半前の「朝日新聞（94年12月1日）朝刊大阪市内版」の記事

かなり大きな扱いですね。

ところが、この記事を読んで地震対策に取り組んだ人は極めて少数でした。私はその後、多くの被災者に「このような記事を知っていましたか」と尋ねましたが、500人に1人くらいしか気づいていませんでした。

人間というのは、「関心のないものは見えない」のです。見たくないものも見えません。

一方、『○○離婚』という記事なら気づく人が多いのではないでしょうか。

これは頭の中で「関心」というセンサーがオンになっていないと、「見えないものは見えない」ことを意味します。

(2) 伝えようとしたものではなく、伝わったものを情報と言う

それでは、例えば「エコプロダクツ」をどう伝えていけばいいのでしょうか。

一般に、環境に取り組んでいる人は「熱く語りすぎる」傾向があります。

「いま地球が大変なのです。この商品はね、この時代にはなくてはならないものなんです。地球を救うためにはこれしかないのです!」のように。

火炎放射器みたいですね。

たいていの場合、声高に騒いでも誰も耳を傾けてはくれません。

ここで極めて大切なことは、『情報とは伝えようとしたことではなく、伝わったもの』と認識することです。

私たちはよく「情報を伝えました」と言いますが、相手に伝わっていなければそれは単なるデータであり、文字と数字の羅列です。情報というのは「情けに報いる」と書くように、相手に伝わって初めて活きてくるのです。

コミュニケーションというのは「双方向」が前提ですから、本当に伝わったかどうかを確認することを含めないと、「伝えたつもり」で終わってしまいます。情報を伝えたつもりでも、実は相手に届いていなかったら意味がないですね。

これはコミュニケーションの問題ですが、環境経営や環境ビジネス分野においてもコミュニケーション能力が非常に大切なのです。

(3)環境コミュニケーションの基本は「傾聴」

マーケティング用語に「返報性の原理」というものがあります。「自分がしてもらったことをして返したくなる」というものです。

コミュニケーション能力を高めるために最も大切なことは、「心を込めて聴く」と言うことです。聴いて欲しいと思ったら、まず先に聴くことです。

私たちは「聞いてよ。聞いてよ。話を聞いてよ」と自分が話をすることを優先しがちです。しかしその前に「最近どうですか。何か困ったことないですか？」など、心を込めて聴くべきなのです。これは、環境ビジネス分野に限らず、あらゆる商談において極めて大切なことだと思います。

最初の訪問時には聴くことに徹し、何もしゃべらないで帰るくらいでいいのです。そうすると先方が、「何かお話しに来られたのですよね。少し説明してくれますか」と聴く態勢に変わることがよくあります。

繰り返します。

コミュニケーションの基本は「心を込めて聴くこと（傾聴）」です。私たちは説明することに夢中になり、聴くことを忘れがちになります。

もし「何でこんな良い商品が売れないのだろうか？」と思ったとき、気持ちが入りすぎて聴くことを怠っていないか振り返ってみてください。

―コラム―

環境コミュニケーションと環境報告書

環境経営の取り組みについては各社まちまちというのが実状ですが、「本気度」によって取り組み内容が異なるように見受けられます。

大企業だから意識が高いとは限りません。「他社がやっているから」「取り組まないとイメージが悪くなるから」という意識の企業もかなり多くみられます。

しかし、最近は「社会に貢献するため」という意識の高い企業が出てきているのも事実です。この種の企業はステークホルダー（利害関係者）とのコミュニケーションを重視しているのが特徴です。また、ステークホルダーを企業に呼ぶよりも、自らが話を聴きに出向く姿勢を貫いています。それが好印象につながっていることは言うまでもありません。

まずは、コミュニケーションの双方向性をよく理解し、「傾聴」を徹底することです。そうすることで、いまステークホルダーが何を考え、何に不安を感じ、何を求めているかをきちんと把握し、その上で的確な情報を開示することが可能となるのです。

コミュニケーションを重視している企業ほど「伝えようとしたことではなく、伝わったことが情報」という基本を忠実に守っているのです。

■環境報告書をつくろう！

環境報告書とは、企業が自社の1年間の環境活動や発生させた環境負荷と低減実績などについて投資家、消費者、地域住民などのステークホルダーに対して〝事実を〟公表する年次報告書のことです。

企業のことを知ってもらうためのパンフレットとしては「企業案内」がありますが、必ずしも事実そのものではない記述もあります。これに比べて、一般に環境報告書では〝事実〟を書かなければなりません。しかも、企業にとって都合の良い出来事だけでなく、事故やトラブルなどの「ネガティブ情報」とその対策にも言及することも奨励されており、企業の本質を知るにはもってこいの資料と言えます。

最近では環境面だけでなく、経済的実績や社会貢献も加味した「サステナブルレポート」、そして企業の社会的責任を重視した「CSR報告書」を発行する企業が増えてきました。

環境報告書の作り方と記載する内容については、環境省のガイドラインもありますが、「正直に誠実に、読み手の知りたい情報を盛り込めば良い」と思います。

読み手の知りたい情報をキャッチするには、やはりコミュニケーションが大切です。書くことがわからなければ、推測するよりも聴けばいいのです。

聴くことに躊躇があるとすれば、その体質こそ改善が必要だと思います。

■最初の一歩を踏み出そう!

中小企業では、大企業の分厚い報告書を見て「わが社ではできない」とあきらめる経営者が多いようです。

ページ数はまったく関係ありません。

1ページでも良いので、環境への想いと取り組み、そして成果を誠実に書くことです。ただし経営者の自筆のサインは、社会との約束(コミットメント)として不可欠です。

とにかく出してみて、徐々に充実させていけばいいのです。まずは最初の一歩を踏み出すことです。

1社でなくても、例えば「青年会議所」「商工会」として「各社の取り組みレポート」を発行してみても面白いかも知れません。

■社員教育にも最適

ステークホルダーの中には、もちろん社員も含まれます。環境への取り組みにしろ環境報告書発行にしろ、結果として社員意識の向上につながるのはまちがいありません。

特に「自社のこんな製品、こんな活動が環境改善に役立っている」という情報を知ることで従業員に自信と自覚が生まれ、より大きな社会貢献意欲につながるようです。

環境報告書を社員教育ツールと位置づけている企業もかなり多いようです。

さあ、あなたの会社でも環境報告書をつくってみませんか。

第8章　第1部のまとめ

これまで「環境経営に対する思いこみ」について考えてきましたが、実践のヒントがつかめたでしょうか。

第2部ではより具体的な事例を紹介していきますが、第1部の最後に「企業連携」の有効性について少し触れておきたいと思います。

環境経営の実践に際して、1社だけで困難な場合は「複数の企業が連携すること」も考えるべきです。

企業連携としては、①数社が集まってゼロエミッションを目指す、②エコ商品の共同販売（共同倉庫、共同配送）、③地域の企業が集まってグリーンコンシューマー・ガイドブックを作成し、地球に優しい企業や商品を紹介し合う、などが考えられます。

①については、「ゼロエミッション工業団地」が代表的ですが、何も「国や地方自治体の援助がないと実現しない」というわけではありません。1社からでも仕掛けることは可能

です。

例えば、ある企業で40㎝分の廃材が出たとします。通常であれば、これを廃棄物として処理することになりますが、「これを廃材としてしまうのはもったいないので、どこかこれを原料として使うところはありませんか」と地域内などの業者に呼びかけるのです。「それだけあれば、うちの工場で製品の原料として使える」という企業が必ずあるはずです。そして、ここで出てきた廃材を次の原料としてつなげていくわけです。これまで廃棄物処理にかかっていたコストが削減できるだけでなく、次の企業に原料としてたとえ安価でも買ってもらえる。これは大変魅力的なことだと思います。

箸にも棒にもかからない（と思えるような）木材の切れ端でも使い道があるはずです。例えば学校に持っていき、技術などの授業に使えばよいのです。「この木の切れ端（木っ端《こっぱ》）を使って、何か作品を創りなさい」と子どもたちの創造力開発の教材として役立てることもできるはずです。日曜大工を楽しんでいる人たちに使ってもらうという手もあります。チャリティの仕組みを作り、集まった寄付金を植林や奉仕活動として有効に活用するのも、社会貢献の一環になるのではないでしょうか。

このような企業連携を地元のロータリークラブ、ライオンズクラブ、商工会議所、商工会、青年会議所、中小企業家同友会、地場産業協同組合、業界団体などが音頭をとり、ぜひ実施していただきたいと思います。それでこそ多くの企業が集まっている意味があるというものです。そしてこの輪を行政と家庭に広げ、町おこし・村おこし運動へと進化させるくらいの意気込みがほしいものです。

環境経営の根底に流れる発想は、「資材にしても廃棄物にしても、まちがいなく資源でありお金である」ということです。しつこいかも知れませんが、このことをしっかりと認識しておいてください。

購入資源の減少は資金（キャッシュフロー）の余裕を作り出し、廃棄物の減少は従来捨てていたお金の歩留まりアップと廃棄物処理コストの低減につながります。

環境に役立つことは、企業の収益性向上に直結するのです。

――コラム――
ゼロエミッションとは？

ゼロエミッション構想は、国連大学のグンター・パウリ学長顧問が提唱しました。流通、生産工程から出る廃棄物を新たな原料として再利用し、最終的に廃棄物をゼロにするという考えです。

簡単にいえば、ゼロエミッションとは「排出しない」という意味です。

具体的には、「A社の出した廃棄物がB社の資材・原料となり、B社の出した廃棄物がC社の資材・原料となり……というような企業連携あるいは生産プロセスのつながりをつくり、廃棄物を環境に放出しない生産プロセスを構築する」ということです。

わが国でも、ゼロエミッション構想があちらこちらで提案されています。とは言っても、「まったく新しい取り組み」というわけではありません。

江戸時代は世界に誇る循環社会であり、まさにゼロエミッションを実現していたのです。私たち日本人は、素晴らしい先人の伝統と知恵を謙虚に受け継ぐことで、世界をリードする21世紀型ゼロエミッション社会を実現できる可能性があります。

国内のゼロエミッションの取り組みとして、※エコファクトリー、※ゼロエミッション工業団地、※エコタウン事業（地域ゼロエミッション）があります。

それぞれの地域、地方、都市の置かれた経済的、社会的、地理的、歴史的特色を生かした環境産業の自立的発展を促進する基盤を整備することにより、環境対策の効率化を図ろうとする狙いがあります。

将来はエコファクトリー、ゼロエミッション工業団地はもちろん、一般家庭、商業施設、ひいては農林水産業などを巻き込んだ地域ゼロエミッションから「地域おこし事業」へと進化・発展するものと思われます。

ただし、「廃棄物」という言葉を使ううちは「ゼロエミッション」は理想論に終わってしまう可能性が強いでしょう。

この世に「廃棄物」や「ゴミ」は存在しません。すべてが資源なのです。

いくらゼロエミッションを心がけたとしても、何かを生産するということは地球上の資源が確実に減少することを意味します。莫大な資源を使うプロセスでゼロエミッションが成功したとしても、その結果、次世代が使う資源が枯渇してしまったのでは、地球に優しいとは言えません。

大切なことは、「できるだけ資源を使わない」ということです。

一番最初の企業（生産プロセス）は、「どうすれば資源の消費を極限まで低減できるか」を徹底的に検討しなければなりません。

※**エコファクトリー**　ある工場から排出される廃棄物をいかにゼロにしていくかを考え、自社の生産工程から排出される廃棄物の極小化、再資源化の徹底を図るもの。自社主導で進められることから、比較的すぐに取り組めるという面がある。ひとつの企業内でゼロエミッションを達成しようとするもので、大企業向きと言える。

※**ゼロエミッション工業団地**　中小企集がいくつか集まることによるスケールメリットを活かして、ゼロエミッションを実現しようというもの。既存の産集廃棄物処理施設の集約化や協業化など、中小企業育成も含まれている。

※**エコタウン事集**　ある一定の地域全体でゼロエミッションを行うという意味で「地域ゼロエミッション」とほぼ同じ概念。一定地域内の家庭や工場から出る廃棄物をはじめ、雨水利用、コンポスト化、エネルギー体系など幅広い要素を包括しているので、地域全体での取り組みになる。

第2部

サービサイジングともったいないを極める

第１部では、環境経営への取り組みを阻害している
「(ネガティブな)思いこみ」を取り上げ、その打破を試みました。
そして、名実ともに「地球に優しい企業」になるための
考え方や情報をお伝えしました。
第２部では、
環境経営に役立つノウハウや技を具体的に説明していきます。
成功事例も交えながら、
広い視野で環境経営を考えます。
特に、「サービサイジング」という新語、
「もったいない」という古語の効果的な活用方法を
詳しく解説しています。
これらの本質を極めることで環境経営が実りあるものになり、
ひいては地球環境保全につながります。
常に「わが社だったらどうするか？」
と考えながらお読みください。
きっと、素晴らしいアイデアがたくさん湧き出てくるはずです。

第1章　サービサイジング

(1)サービサイジングとは?

世の中が「できるだけ資源の使用量（消費量）を減らそう」という方向に向かっている中で、「物×数量＝売上」とする発想のままでは、事業の拡大どころか縮小に向かわざるを得なくなるでしょう。

そこで、ハードウェアとしての「モノ」を売るのではなく、「モノ」の持つ機能に着目し、その機能の部分をサービスとして提供しようとするビジネスモデルが脚光を浴びてきています。これを、「これまで製品として販売していたものをサービス化して提供する」という意味で、サービサイジング（Servicizing）と呼びます。

なお「サービサイジング」は主に米国を中心に使用されている用語で、欧州では「PSS（Product service systems：製品サービスシステム）」を使用しています。

サービサイジングのうち、環境面で特に優れた貢献を示すものをグリーン・サービサイジングと呼ぶことがあります。例えば、製品の生産・流通・消費に要する資源・エネルギーの削減、使用済み製品の発生抑制などです。

世の中は、下図のように「モノの販売・所有からサービスの提供・利用へのシフト」が進んできているのです。

現実には従来のような「(煙や廃棄物など)出たものをどう処理するか」とか「臭いものにフタをする」というビジネスも必要です。

しかしそれ以上に、第1部で何度も触れたように、「出ないようにするにはどうするか(使い切るにはどうするか)」とか「根源を絶つ(予防する)」など資源生産性の向上という広い視野で捉えると、ビジネス的にも大きなチャンスに発展する可能性が大きいと言えるのです。

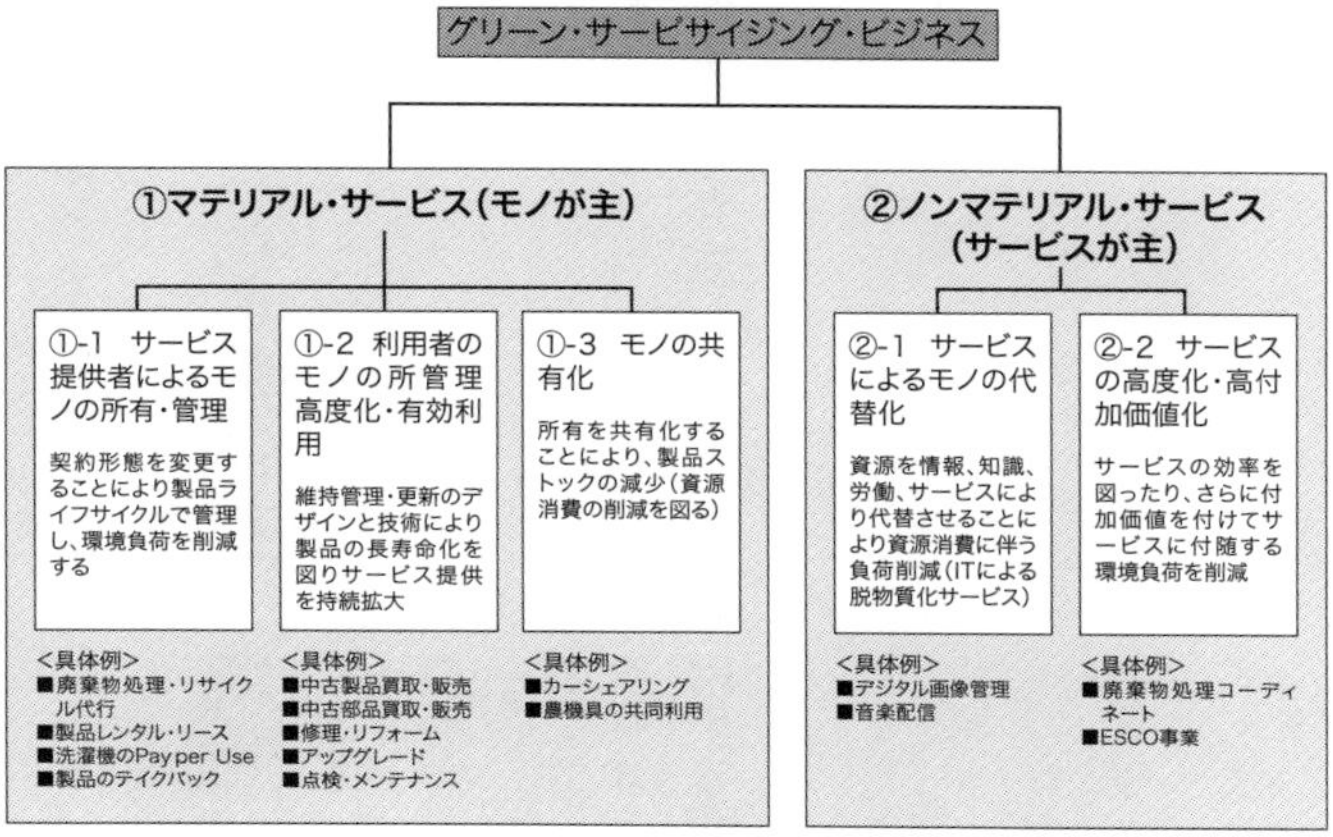

グリーン・サービサイジング・ビジネス
①マテリアル・サービス(モノが主)
①-1 サービス提供者によるモノの所有・管理
契約形態を変更することにより製品ライフサイクルで管理し、環境負荷を削減する
①-2 利用者のモノの所管理高度化・有効利用
維持管理・更新のデザインと技術により製品の長寿命化を図りサービス提供を持続拡大
①-3 モノの共有化
所有を共有化することにより、製品ストックの減少(資源消費の削減を図る)
<具体例>
■廃棄物処理・リサイクル代行
■製品レンタル・リース
■洗濯機のPay per Use
■製品のテイクバック
<具体例>
■中古製品買取・販売
■中古部品買取・販売
■修理・リフォーム
■アップグレード
■点検・メンテナンス
<具体例>
■カーシェアリング
■農機具の共同利用
②ノンマテリアル・サービス(サービスが主)
②-1 サービスによるモノの代替化
資源を情報、知識、労働、サービスにより代替させることにより資源消費に伴う負荷削減(ITによる脱物質化サービス)
②-2 サービスの高度化・高付加価値化
サービスの効率を図ったり、さらに付加価値を付けてサービスに付随する環境負荷を削減
<具体例>
■デジタル画像管理
■音楽配信
<具体例>
■廃棄物処理コーディネート
■ESCO事業

出所：今堀・盛岡（2003）「家電におけるサービサイジングの可能性に関する研究」
及び第三回グリーン・サービサイジング研究会吉田委員発表を参考に作成

【グリーン・サービサイジング・ビジネス】

(2)サービサイジングの成功事例① 株式会社ダスキン ～創業時からのレンタルシステム～

もったいない精神を活かす

ダスキンは、「くりかえし使うエコ」「減らすエコ」「みんなで使うエコ」「捨てないエコ」をスローガンに、地球の未来を大切にするため「物を大切にする」という観点で環境経営に取り組んでいます。とりわけ長い歴史を持つレンタルシステムは、これらの理念を実現するビジネスモデルとして世界中から注目されています。

同社のレンタルシステムは一定期間の使用後に、クリーニングした商品と交換するというものです。回収した商品の機能を「再生し、衛生面も考慮し、繰り返し使用する」ことで資源の有効活用に貢献しています。

システム上のメリット

同社のレンタルシステムが有しているメリットは、次の通りです。

①そのときに必要な物だけを、必要な期間、必要な量だけ使える。

②物質・エネルギー量が大幅に削減される。

ほとんどの商品が平均20回以上繰り返し利用されており、使い捨てに比べて、資源の

【ダスキン・レンタル・システム】

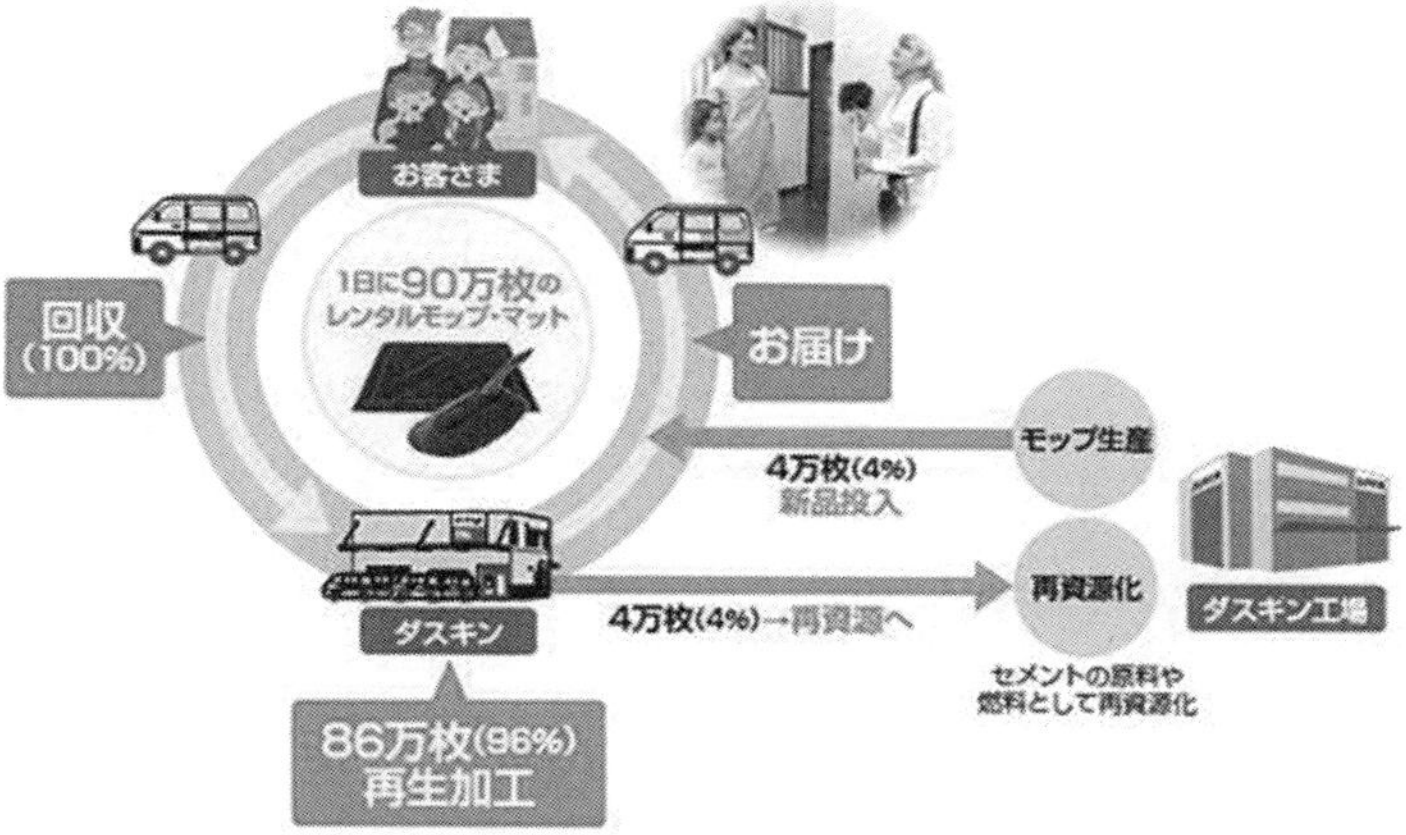
お客さま
1日に90万枚の
レンタルモップ・マット
回収
(100%)
お届け
モップ生産
4万枚(4%)
新品投入
再資源化
4万枚(4%)→再資源へ
ダスキン工場
ダスキン
セメントの原料や
燃料として再資源化
86万枚(96%)
再生加工

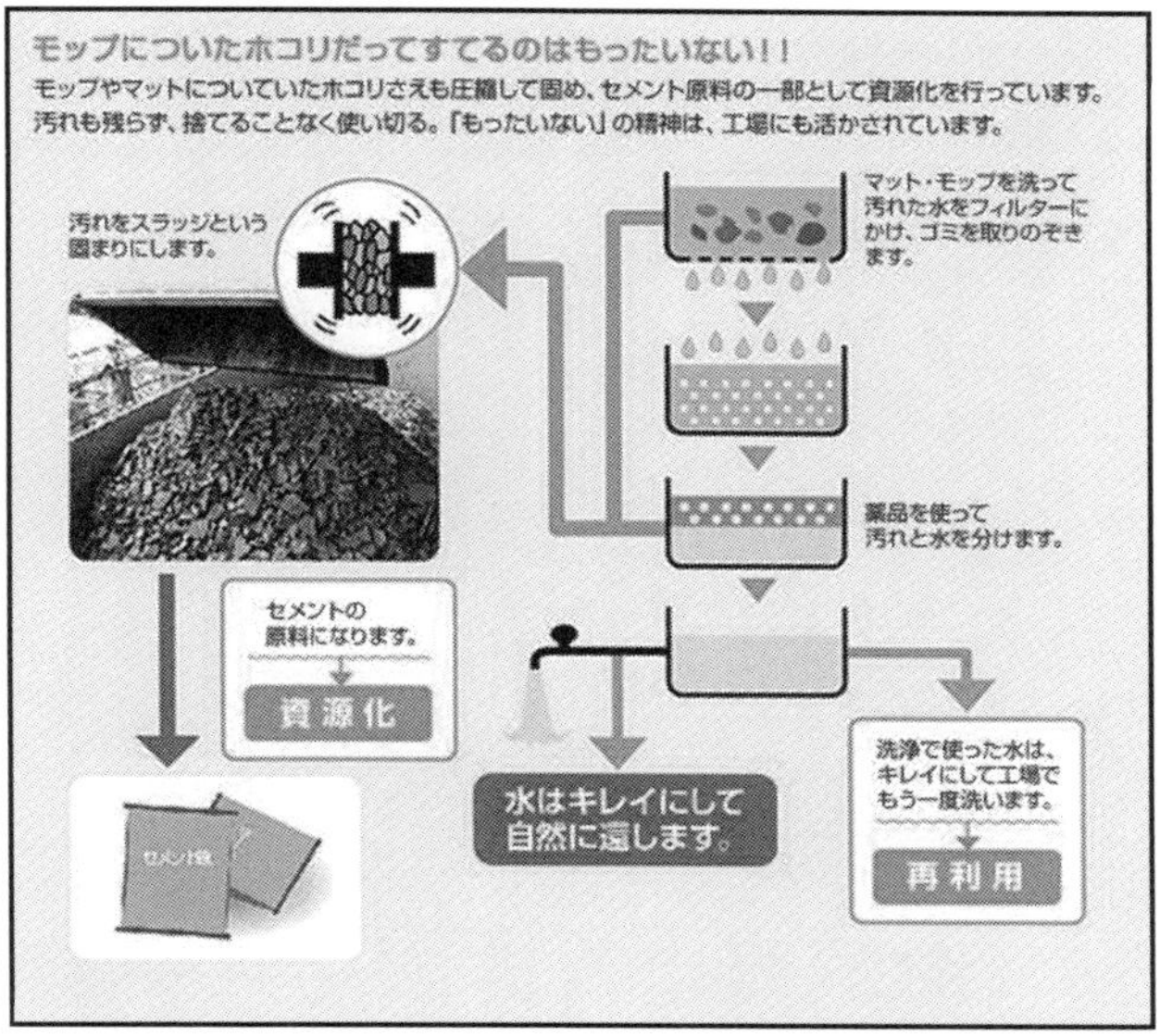
モップについたホコリだってすてるのはもったいない!!
モップやマットについていたホコリさえも圧縮して固め、セメント原料の一部として資源化を行っています。
汚れも残らず、捨てることなく使い切る。「もったいない」の精神は、工場にも活かされています。
汚れをスラッジという
固まりにします。
マット・モップを洗って
汚れた水をフィルターに
かけ、ゴミを取りのぞき
ます。
薬品を使って
汚れと水を分けます。
セメントの
原料になります。
資源化
水はキレイにして
自然に返します。
洗浄で使った水は、
キレイにして工場で
もう一度洗います。
再利用

http://www.duskin.co.jp/torikumi/ecology/recycle.html

節約と製造時のエネルギーが大幅に削減できます。

環境上のメリット

以上の結果、環境に対して次のようなメリットが出てきます。

①商品ライフサイクル全般の環境管理が可能
②同種、大量洗浄（まとめ洗い）による環境負荷低減が可能
③再生技術や商品の改良により品質安定とコストダウン、環境負荷低減が可能
④修復不可能になる前に補修が可能
⑤二次利用（別の形態で再利用すること）を見込んだ商品設計が可能
⑥顧客にとって無駄のない商品活用が可能

特筆すべきことは、環境経営が叫ばれるはるか以前の創業時（1963年）からレンタルシステムを採用していることです。後述しますが、創業者の「もったいない精神」が発揮されています。まさにサービサイジングの元祖と言えます。

日本にはダスキンを始め、江戸時代から伝わる「もったいないの心」で経営している企業が多く、まだ顕在化していないサービサイジングのビジネスモデルが潜在している可能

性が大きいと思います。

(3)サービサイジングの成功事例② パナソニック電工株式会社 ～あかり安心サービス～

機能と安心を売る

パナソニック電工は、生活の質の向上と環境配慮が両立する『新たなくらし価値』を追求することを環境方針として、「商品のライフサイクルすべてにおいて、地球温暖化対策や資源効率を高めるなど環境への負荷を減少させつつ、生活の質を高める商品やサービスの提供」に取り組んでいます。

同社の『あかり安心サービス』は、この方針を具体化した優れた事例として「サービサイジング」のお手本になっています。このサービスが評価され、「第1回エコプロダクツ大賞エコサービス部門環境大臣賞」を受賞し、経済産業省推進の「グリーン・サービシジング」の先導的事例として取り上げられています。

このシステムはランプを販売するのではなく「貸与する」というものです。ユーザーは従来と同様にランプを使用できて、なおかつ使用後の処理手続きが不要になります。あくまでも「貸与」なので、ランプはサービス会社(パナソニック電工指定代理店)の所有物ということになりユーザーに排出者責任が及びません。そのため、不要になったランプはサービス会社が責任を持って回収することになります。

返却されたランプはサービス会社が排出者として委託契約する中間処理会社で適正処理されるので、マニフェストの発行・管理や処理場の確認をする必要がなくなります。ユーザーとしては、安心して処理を任せることができ、処理手続きに関わる経営コストが削減できます。

このようにランプのレンタルに加えて、「あかり」と「安心」を同時に実現するシステムになっているのです。

この事例のように、これからのサービサイジングは「機能を売る＋α」が続々登場してくるでしょう。「＋α」としては「安心」「安全」「健康」「癒し」などが考えられますが、自社の特長や強みを活かせるテーマを付加してみてはいかがでしょうか。

以下の事例は、自社の特長や強みを活かしたサービサイジングの成功例です。

【あかり安心サービス】

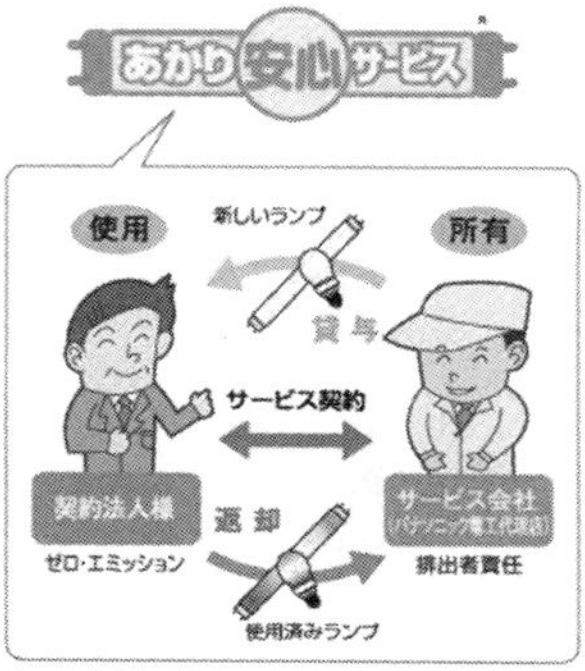

http://denko.panasonic.biz/Ebox/akarianshin/akari_01.html

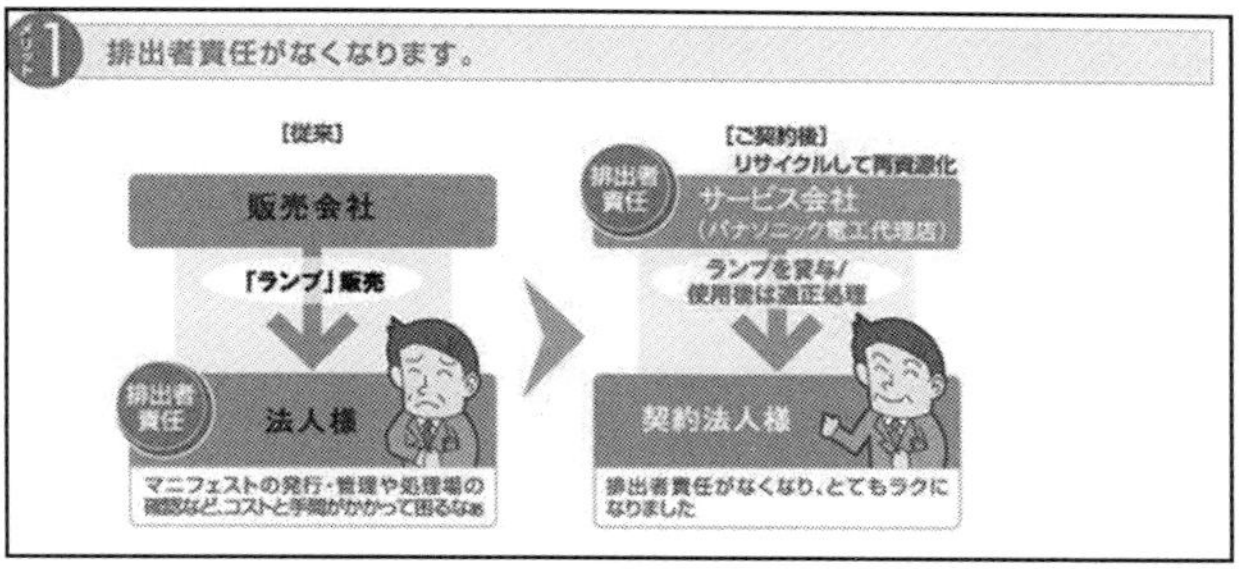

http://denko.panasonic.biz/Ebox/akarianshin/akari_02.html

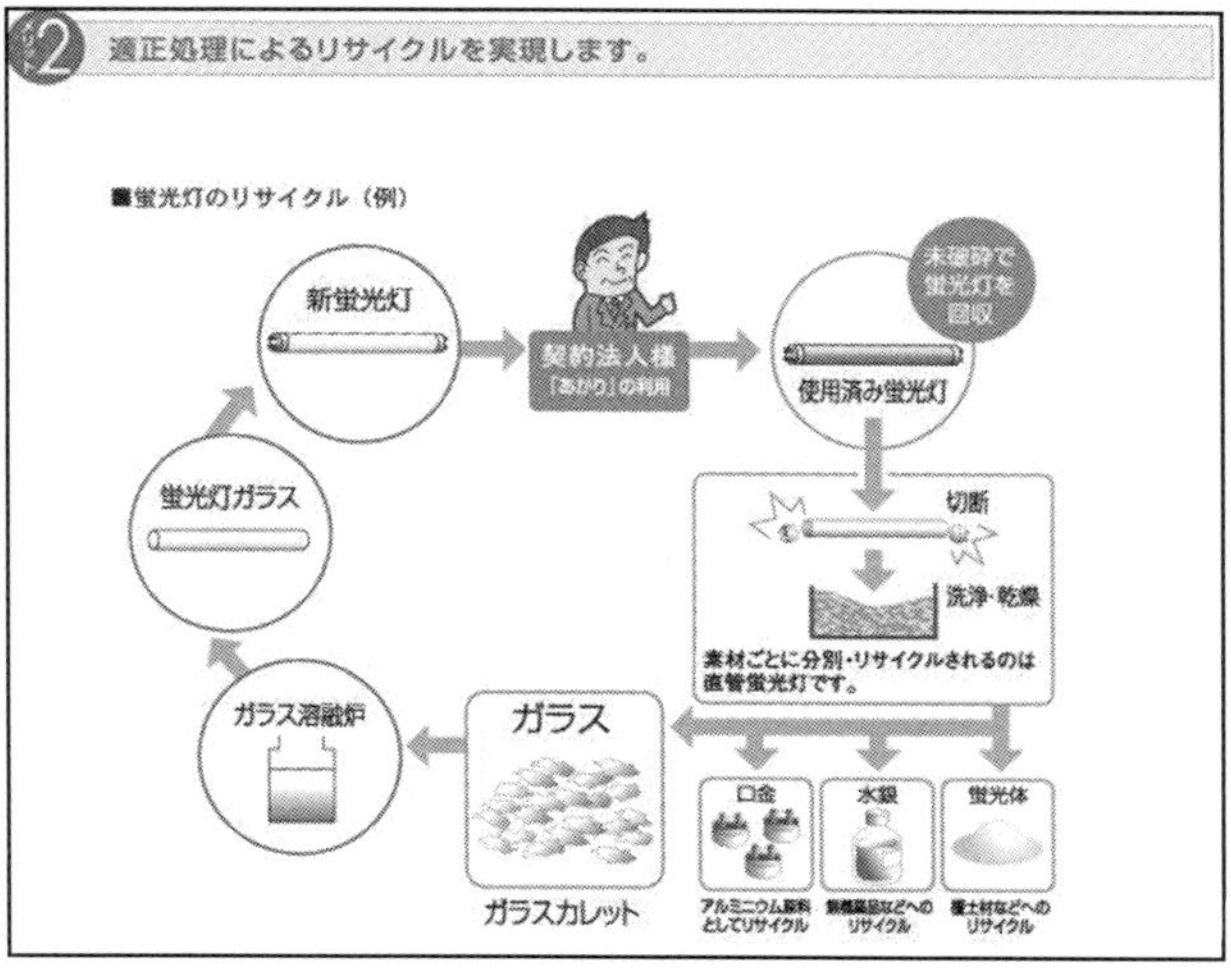

http://denko.panasonic.biz/Ebox/akarianshin/akari_03.html

(4)サービサイジングの成功事例③

サラヤ株式会社 ～トラスト支援商品で生活者も環境保全に参加～

生活者の想いを商品に乗せる

サラヤ株式会社は、『世界の「衛生・環境・健康」の向上に貢献する』を企業使命として、家庭用および業務用洗剤・消毒剤・うがい薬等の衛生用品、薬液供給機器、健康食品などの事業を展開しています。

環境については、1952年の創業時より、できる限り天然素材である植物原料を用いて、地球環境にやさしい製品づくりを行ってきました。

同社の代表ブランド「ヤシノミ洗剤」はヤシ油を原料に作られ、植物系エコロジー洗剤の代名詞として1971年に誕生しました。ところが、2004年になって植物系ヤシノミ洗剤の原料の調達と企業活動を見直す転機が訪れました。「原料の1つであるパーム油が、食用需要を中心に年々増加し、アブラヤシ・プランテーション（農園）が拡大。ボウルネオゾウをはじめとした野生動物に影響を及ぼしている」というのです。

同社に限らず従来のパーム油は、持続可能性を考慮することなく調達されていました。その結果、ボルネオの森林破壊をもたらし生態系の破壊につながっていたのです。

この状況を知った同社は、足掛け5年にわたるNPO団体や現地政府機関との協同作業により、野生動物の救出活動や「ボルネオ保全トラスト」の設立を果たしました。

具体的には、パーム油の生産・供給・活用を持続可能なものとするための「RSPO（持続可能なパーム油のための円卓会議）」に日本に籍をおく企業として初めて加盟し、分断された森をつなげ、生態系を守ることを目的とした「ボルネオ保全トラスト」活動を支援するなど、現在も継続中ということです。

消費者と協力し合って「緑の回廊計画」を支援

JICA（国際協力機構）とサバ州政府の共同プロジェクトである「BBEC（ボルネオ生物多様性・生態系保全プログラム）フェーズ1」が、野生生物保護区の整備など様々な活動実績をあげて5年間で終了しました。

これを引継ぐ形で「緑の回廊計画」が構想され、それを進める「ボルネオ保全トラスト」が2006年10月にサバ州より認可されました（更家悠介社長が理事として参加）。

ここで「緑の回廊計画」とは、サバ州のキナバタンガン川とセガマ川の流域に、ボルネオゾウ、オランウータン、テングザルなどのレッドリストの野生動物の棲息域が孤立した状態で点在しているため、これを動物達が行き来できるよう両川の沿岸に緑の回廊を整備する計画を進めるものです。回廊の確立に必要な流域の土地面積は2万haにおよび、すべてを整備するためには94億円が必要であると試算されています。

この資金調達を支援するために、同社は「ヤシノミ洗剤シリーズの売上1％でボルネオ保全トラストを支援する商品」を発売し、消費者と協力し合うことで、計画実現に向け活動を続けています。また資金的支援に留まらず、実際に社員を派遣して現地の人々と一緒に活動している姿勢は、感動的であり賞賛に値します。

こうして「生活者の環境保全に協力したいという想い」を商品に付加することも、広い意味での「サービサイジング」と言えると思います。この事例のように「結果として、環境貢献・社会貢献につながる商品やシステム」は、一般のサービサイジングの定義から外れるかも知れません。しかし、サービサイジングという言葉であろうとなかろうと、どんどん進化・発展してほしいものです。

ＤＢＪ環境格付で最高の評価

同社は平成20年、日本政策投資銀行（ＤＢＪ）による「環境配慮型経営促進事業」制度での環境格付調査で、環境配慮に対する取組みが特に先進的であると認められました。

【サラヤの環境への取り組み】

1952	ココヤシ油に着眼し、ココヤシ油を原料にした薬用パールパーム石鹸液（シャボネット石鹸液にリニューアル）と点滴溶液を開発、日本で初めて発売した。
1966	光化学スモッグや大気汚染対策対策から、多人数がうがいのできる「コロロ自動うがい器」を開発・販売
1969～1972	コロロ自動うがい器CO-SI型が小学校での大気汚染対策として、新聞紙面に数回にわたって掲載された。
1971	石油系台所洗剤による河川、湖沼の水質汚染や富栄養化が進み、社会問題となる中で、高生分解度の植物系「ヤシノミ洗剤」をつくり、植物系洗剤の先駆けとなった。
1980	3月　野菜・食器用ヤシノミ洗剤（600ml）を新潟全県で一斉販売、テレビCM放映。 10月　全国展開し、家庭用洗剤市場に本格参入を開始した。
1983	業界ではじめて台所用洗剤の詰替パックを発売。
1991	ヤシノミ洗剤詰替パックが（財）日本環境協会エコマーク商品の認定を取得。
1992	フロン、エタンなどの有機溶剤に替え、エタノールを主成分とする金属洗浄剤アルコノールTSを発売。
1993	使い捨てを前提とした従来の商業デザインの考え方を払拭し、「脱・使い捨て宣言」として、ヤシノミ洗剤ステンドのポンプ付ボトルを発売。
1995	E・Eリターナブルシステムを開始。包装容器の使い回しにより、ゴミの削減、環境負荷の低減を目指した。
1996	「ヤシノミ」の商標が三類に登録される。
1997	注ぎ口が付いて詰め替えやすい、ヤシノミ洗剤ラクラクパックを発売。
1998	包装資材のリサイクルを進めるためB.I.B（バック イン ボックス）を発売。

http://www.saraya.com/env/08/env11.html

同銀行によって①経営全般における環境経営推進のための取り組み、②事業の各段階における具体的な環境対策、③主要な環境側面に関するパフォーマンスの改善度について、の3項目について環境スクリーニングが行われ、「環境への配慮に対する取り組みが特に先進的」という最高評価を受けています。

そのほかにも環境分野で数多くの受賞実績があり、環境経営と企業経営とを見事に両立している好例だと思います。

(5)サービサイジングの成功事例④ トキワ精機株式会社 ～製造工程の革新～

物づくりの中にサービサイジング精神を導入

トキワ精機は1932年に創業し、「油圧用配管継手」という部品を生産してきました。これはフォークリフトなど、油圧制御機器内の配管をつなぐ部品です。同社はその中で次図のような、配管を直角方向につなぐ「エルボ」と呼ばれるL字型継手を主力製品としてきました。

従来「エルボ」は、まず金属のかたまり(丸棒)から鍛造プレスで形を打ち抜き、その後に液体の通る穴をドリルであけて製作していました。この方法では、金属の歩留まりが良くない上にコストが高くなり、中国製品に価格的に太刀打ちできません。

そんな折、大口の取引先から「30%の値引き要請」が来たのです。この危機に同社の木村社長は「抜本的に物の作り方を変えないとダメだ」と考え、新しい作り方を必死で模索しました。

そして、「始めから穴の開いている厚肉パイプを90度に曲げる」というアイデアを考案したのです。ここで「厚肉パイプ」とは、「薄肉パイプ」に対する言葉で、穴に比べて金属部分の大きなパイプのことです。薄肉がストローだとしたら、厚肉は竹輪のイメージです。

しかし、大きな障害がありました。「短い厚肉パイプ」を90度に曲げる技術が世の中に存在しなかったのです。曲げると、貫通穴がつぶれてしまうのです。専門家に聞いても、大学の先生に聞いても、工業試験所に聞いても、答えは「できない」でした。

ところが木村社長は、あきらめずに試行錯誤の末に穴をつぶさずに曲げることに成功したのです。

この成功により、次のような効果がもたらされまし

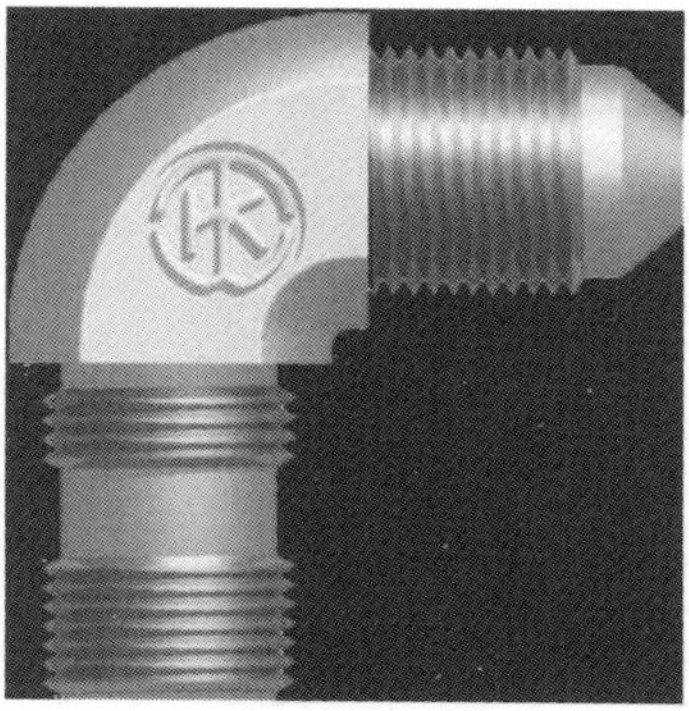

【エルボ継手】

た。

①工程数が従来の半分に減り、その分だけ早くでき、コストも約2割削減できた。
②もともと穴が貫通しているので必要な材料が従来の半分になった。
③穴をあけることで出る切りクズがなくなった。

後加工のネジ切りで出てくる切りクズだけになり、全体の切りクズの廃棄量（ゴミの量）が1／4以下にまで削減できた（次ページ上図参照）。

また内部のバリや切りクズがないので、後工程の油圧機器などに混入するというリスクがなくなった。
④ドリル穴の交差部が「直角（次ページ下写真左）」から「丸く（次ページ下写真右）」になることで管を通る油の流れがスムーズになり圧力損失を防ぐことにつながった。

このことは油を送る駆動源（モーターなど）の負担を下げることを意味し、省エネルギーに寄与し環境負荷の低減につながります。

こうして、同社は取引先からの要請に応えることができただけでなく、年商も10年で2倍になるという素晴らしい成果を得ることができたのです。

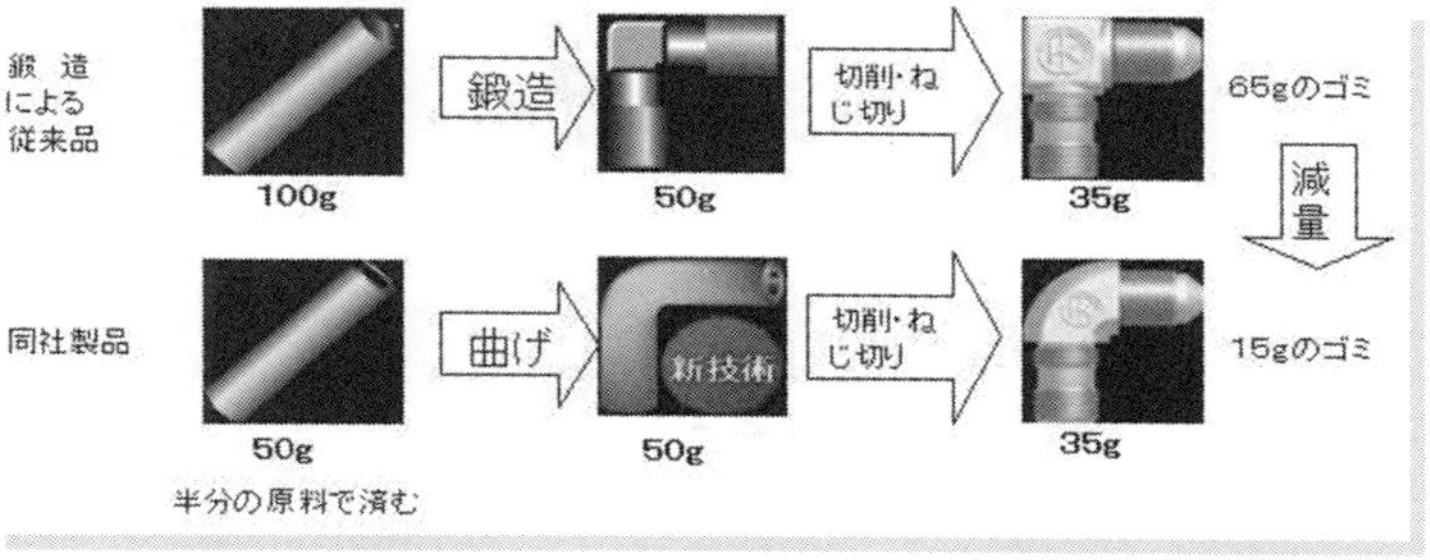

【中小企業庁のサイト「元気なモノ作り中小企業 300 社」より】
http://www.chusho.meti.go.jp/keiei/sapoin/monozukuri300sha/3kantou/13tokyo_09.html

さらに、この業績により、第2回（平成16年度）新機械振興賞「中小企業庁長官賞」を受賞しています。

50ページで、エコプロダクツは「コストの低減」「企業リスクの回避」「環境負荷の低減」という3大ニーズに寄与することを述べましたが、この事例はまさに好例と言えるでしょう。

できない理由探しから、できる理由探しへ

前述のように、同社は大口の取引先から「30%の値引き要請」をされていました。要するに「要請に応えられなければ取引できない」ということです。

このとき「数%程度の値引き」であれば、できない理由がたくさん出てきたでしょう。しかし「30%」と宣告されたら、「できる理由」を見つけなければ先は絶望です。

人間は絶望を感じたとき、未来を信じることで必ず道が開けます。とにかく「できない理由」ではなく「できる理由」を探すことです。「できること以外すべて」ですから無限に見つかります。一方、「できる理由」は1つでいいのです。

窮地に立ったときは、どうか「できない理由探しという無限ループ」に陥ることなく、「できる理由探し」に意識を向けるようにしてください。

(6)サービサイジングの成功事例⑤ 株式会社タクミナ ～使う側(ユーザー)の環境負荷も低減～

株式会社タクミナは、1956年創業のケミカルポンプの専門メーカーです。半世紀以上にわたり高精度・高機能ポンプ技術を追求し、環境分野を始め多くの産業分野で、ポンプを中心とした同社独自の製品を提供しつづけています。

タクミナの「TACMI」は「匠(たくみ)」、すなわち創意工夫の心を表し、「NA」は「Nature =自然」、すなわち生命・自然の尊重を忘れることなく、安全と安心を提供するという思いを意味しています。

ポンプには大きく分けて、水道水のように流れる『連続流』タイプと、「吸う→出す→吸う→出すを繰り返す『間欠流』タイプがあります。前者は「渦巻きポンプ」、後者は「往復動ポンプ」が代表的です。

渦巻きポンプは『連続流』で、出口側の圧力が高くなると吐き出し量が減り、圧力が低くなると吐き出し量が増えます。つまり、圧力変動による影響があります。また精度はあまり高くありません。一方、往復動ポンプは『間欠流(脈動があるといいます)』で、圧力変動による影響がほとんどなく、精度も非常に高いのが特徴です。しかし、渦巻きポンプに比べて配管の揺れがかなり大きくなり、これを防ぐためにサポート器具や間欠流を連続流にする設備（アキュームレータなど）が必要です。

一般に化学品製造プロセスでは、「連続流」「圧力変動に強いこと」「高精度」が同時に必要で、「高精度な連続流の往復動ポンプ」が求められています。

そこで同社は、長年蓄積・進化させてきた技術とノウハウを結集させて「スムーズフローポンプ」という製品を開発しました。

このポンプの特長として、以下のことが挙げられています。

①設備コストを低減

脈動のないスムーズな流れにより配管内の圧力損失が小さくなるため、配管を細くすることができる。このためフッ素樹脂ライニングなど、高価な配管部材を必要とする現場や、大規模プラントでの設備コストを大幅に削減できる。また、脈動を低減するアキュームレータなどの補助機器が不要になる。

②メンテナンスが楽

分解・組立てが簡単なうえ、消耗部品も数点のみ。さらに部品を長寿命化したことで、メンテナンスや部品交換にかかる手間・費用を大幅に抑えることができる。

③液漏れしない

移送流体が外部に漏れないため、高価な薬品もムダにすることがない。また、有毒な薬品の移送時にも人体や環境への影響がなく、工場内も常にクリーンに保てる。

④薬液が外気に触れない

完全密閉構造なので、外気に触れると気化しやすい薬液や、すぐに凝固してしまう流体なども変質させることなく移送できる。

⑤移送液にやさしい

液体を掻き回したり、局部的に過大な圧力をかけないため、シア（せん断）・摩擦・加圧・温度上昇などで液質が変化する心配がない。

⑥異物の混入がない

完全密閉構造のため、外部からの異物混入はもちろんのこと、摩耗粉などの発生・混入もなく、高度な衛生性が求められる食品原料や医薬品などの移送にも安心して使用できる。

⑦安全・安心

配管内部の圧力が常に安定しているので、細い配管や

【スムーズフローポンプ】
http://www.tacmina.co.jp/products/smoothflow/tpl.html

長配管を使用している現場でも安全・安心。配管サポートなど補器の設置なども最小限に抑えることができる。

⑧常に安定した連続流

精度（定量性）に優れ、注入点や吐出側配管内の圧力が変動しても流量は常に安定している。また、低粘性液の移送時でも流量が低下することもなく、生産性・製品の品質を常に一定に保つことができる。

⑨省エネルギー

ポンプ効率が98％と非常に高く、同等能力の渦巻きポンプに比べモーターの規格も小さくて済むため、消費電力や環境負荷が大幅に削減できる。

⑩制御が正確・簡単

直線性・応答性に優れ、圧力変動に影響されることなく正確に流量制御が行える。また、連続一定流なので流量計を使った様々な制御もカンタンに行える。

この事例は、製品・商品を使う側（ユーザー）にとっても「環境負荷の低減というメリット」になるような製品やシステムづくりによって、ビジネスチャンスを拡大しようとするものです。

また前項の「エルボ」同様、このスムーズフローポンプも「コストの低減」「企業リスクの回避」「環境負荷の低減」という3大ニーズに合致しています。

今後は、化学分野では「グリーン・ケミストリー（次ページのコラム参照）」が発展してくると思われます。特にこの分野に進出するには、これらの3大ニーズに適《かな》うサービサイジングを開発することが不可欠になるでしょう。


—コラム—

グリーン・ケミストリー

グリーン・ケミストリーとは、化学製品の全ライフサイクルにわたる人の健康と生態系を含む環境への負荷を最小にするために、原料、反応試薬、反応、溶媒、製品をより安全で、環境に影響を与えないものに変換することです。持続可能であることを強調するために「グリーン・サステナブル・ケミストリー」と呼ばれることもあります。

変換収率、回収率、選択性の高い触媒やプロセスの開発により、廃棄物のより少ない化学プロセスを構築することを目的としています。

■グリーン・ケミストリーの12箇条

グリーン・ケミストリーが地球環境改善に寄与するものとなるように、「グリーン・ケミストリーの12箇条」が米国のポール・アナスタス大統領科学技術政策担当者らによって提唱されています。

①廃棄物は「出してから処理するのではなく」、出さない。
②原料をなるべく無駄にしない形の合成をする。
③人体と環境に害の少ない反応物、生成物にする。
④機能が同じなら、毒性のなるべく小さい物質をつくる。
⑤補助物質はなるべく減らし、使うにしても無害なものを。
⑥環境と経費への負担を考え、省エネを心がける。
⑦原料は枯渇性資源ではなく再生可能な資源から得る。
⑧途中の修飾反応はできるだけ避ける。
⑨できるかぎり触媒反応を目指す。
⑩使用後に環境中で分解するような製品を目指す。
⑪プロセス計測を導入する。
⑫化学事故につながりにくい物質を使う。

■製造プロセスの小型化が進む

医薬、農薬を始めとする様々な有機化学薬品、塗料、ゴム、プラスチックなどの有機化学製品は、多様な原料からいろいろな合成プロセスを経て生み出されます。

これまでコストや効率を最優先にして決められてきた製品や製造プロセス設計に「環境負荷」のファクターを入れ、製品そのものの性能や安全性に加えて省エネルギー、省資源、少廃棄物、安全性、リサイクル性などに配慮した製造プロセスに必要な技術を開発する必要があります。

必然的に製造プロセスが小さくなるので、そこで使用される機器類も小型化することになります。

従来、体育館くらいの規模であったプロセスが、同量を生産するのに8畳一間くらいで可能になった例があるそうです。

■ますます計測技術が必要になる

グリーン・ケミストリーでは、高性能のプロセス計測・制御技術の開発が不可欠とされています。進行中の合成プロセスを「その場」で変えるには、正確で信頼性の高いセンサーやモニター、さらに計測技術を駆使して「いまそこにある危険」を感知する必要があるからです。

高度な計測技術を組み込み、かつリアルタイムに適用できる計測制御機器システムが求められることになるでしょう。

第2章　サービサイジングは「もったいないの心」から！

(1)もったいないの心

もったいないの心。

日本では昔から「当たり前のこと」でした。しかし、この精神が失われつつあり、心ある人たちが、その大切さを訴え続けてきました。

年配の人ばかりではありません。1993年には日本青年会議所が、「もったいない読本」という素晴らしい本を出しています。しかし残念ながら、「説教臭い」とか「ダサイ」という言葉で掻き消されていました。

2005年になって、2004年ノーベル平和賞受賞のワンガリ・マータイさんが来日した際、「もったいないの心」に感動し、世界に広める活動を始められました。素晴らしいことだし、ありがたいことだと思います。

しかし、これからは私たち日本人の番です。マータイさんなどの外国人だけに頼らずに、私たち日本人自身も誇りを持って「もったいないの心」を世界に伝えていかなければなりません。

それが私たちの役割であり、責任であると思います。

(2)もったいないとは?

私は、「もったいない」には2つの意味があると考えています。

1つは「勿体ない」、つまり「たくさんある物をやたらに使っては惜しいという気持ち」を表す意味です。これは、松原泰道老師が『人徳の研究』(大和出版)で書かれている意味です。

昔、水はふんだんにあるにも関わらず、おじいちゃん、おばあちゃんたちは「勿体ない、勿体ない」と言って大切にしていました。後世のすべての「いのち」のために、杓に汲んだ水のうち半分を元に戻すという「半杓の水」という故事も残っています。

もう1つは「その人、その物を活かしきっていない」という意味です。「勿体あらしめる」の反対語としての「勿体ない」ということです。「この世に存在する、あるいはこの世に生まれてきた目的を果たせずにいる」ことを惜しむ気持ちです。

少なくとも「もったいない」には、これら2つの意味が含まれていると思います。

さて、ビジネスの世界では「もったいない」は、どう捉えられているのでしょうか。

(3)ビジネスにおける「もったいない」の2大潮流

私見ですが、現在「もったいない」は2つの潮流の中に見て取ることができます。

その1

「ビジネスの世界にこそもったいないの精神が大切。店頭で売れ筋商品を欠品して販売機会を逃がしたとき、全社員が「もったいない」と反省できる企業風土をつくりたい。もったいないというのは、ケチくさい、消極的な思考ではない。無駄を極力省き、かつ販売機会ロスを防ぐ前向きな考え方である」。これは、大手コンビニチェーンの社長さんの言葉です。

その2

「当社がレンタル事業を始めたのは、『もったいない』という考えからです。それは物がたくさんあるから消費してもよい、少なくなったから節約しようという単純な考えからではありません。『もったいない』の逆、『もったいある』というのは、物の本体をあらしめるということです。有機物であろうと無機物であろうと、この世に存在する物のすべてを十分に活用することが物の本体をあらしめることなのです」。これは、サービサイジングの事例で紹介した株式会社ダスキンの駒井茂春会長（故人）の言葉です。

さて、あなたはどちらの考えに共鳴しますか？

もちろん人それぞれですから、どう考えても自由です。ただ言えることは、現在は前者の経営者やビジネスマンをスゴ腕とかヤリ手といって評価する傾向が大きいということです。まだまだ薄利多売（1つ当たりの利益は小さくても、たくさん売れればトータルの利益が大きくなる）や計画的陳腐化（君のは古い

「もったいない」は、「もったいあらしめる」こと

「ホームダスキン」から「ウエス」を作ったのは「もったいない」という考えからです。それは物がたくさんあるから消費してもよい、少なくなったから節約しようという単純な考えからではありません。「もったいない」の逆、「もったいある」というのは、ものの本体をあらしめるということです。有機物であろうと無機物であろうと、この世の中に存在するもののすべてを十分に活用することが、ものの本体をあらしめることなのです。この地球上の資源を最後まで活用すること、そうしてお客さまの求めておられる物を安い価格で提供し、お役に立たせていただくこの事業はダスキンの理念から生まれた事業といえましょう。

（1982年2月、加盟店全国会議における駒井茂春社長（当時）挨拶より抜粋）

よ捨てなさい）戦略を崇拝する人が多いということだと思います。

ただし、この戦略は53ページでも触れたように「物を早く捨てさせる」ことが奨励されている場合と、「捨てるときにお金がかからない」ときだけに通用するものです。

もはや「すぐに壊れる製品は相手にされなくなったこと」、また「ゴミや廃棄物回収の有料化」などで、このような戦略は次第に通用しなくなっています。

一方で、後者の考え方がだんだん支持され、評価されるようになってきています。

(4)「もったいない」と最近の企業不祥事

賞味期限切れの食材を使った企業不祥事が相次いでいます。「経験上、充分に食べられる状態だったので、もったいないと思って使用した」というコメントが経営者や工場長から出されています。

これを聞いて、あなたはどう思われますか？

「もっともだ。そもそも賞味期限が来ても充分食べられるし、余ったからといって捨てるのは環境的にも問題だ」「隠していたのは良くないが、会社の言うことにも一理ある。賞味期限が切れていると言って、まだ食べられる食材を拒否する消費者にも問題がある」。

環境問題に関心のある人は、このような意見が多いようです。環境負荷（人間の活動が環境に与える悪影響）の観点から考えると、何かもっともらしくて、正しそうですね。

では、前述の2つの「もったいない」という立場から見るとどうなるでしょうか？

その1

「たくさんある物をやたらに使っては惜しい」という立場

残り物がたくさん出てきたからといって、やたらと廃てるのは「もったいない」。

だから、廃棄しないように食品（商品）に使ったのだ！

その2

「その人、その物を活かしきっていない」という立場

そもそもたくさん残り物を出すこと自体が、その食材を活かしきっていないというこという意味で「もったいない」。

だから、残り物が出ないように、つまり、捨てるものがなくなるように計画し、実行しているのだ！

この違いは重要です。「その1」は資源が膨大にあり、捨てる場所が充分ある時の「もっ

たいない」、「その2」は資源や捨てる場所が限られている時の「もったいない」と考えていいと思います。

実は「その2」の「もったいない」は、伝統ある老舗や環境負荷の低減を真剣に考えている経営者に多い考え方です。だからこそ何十年、何百年もの長きにわたって事業を続けてこられたのでしょう。

最近、産業界では「CSR（企業の社会的責任）」の重要性が叫ばれていますが、これに対応するには、「その2」のような「物を活かしきる」という発想が不可欠です。

そして、もちろん「その2」方が「食材の購入量が減らせる」「その分エネルギーが減少し、電気代やガス代を安くできる」「廃棄物処理コストが低減できる」など、企業としてのメリットが大きいのです。

(5)もったいないの実践＝資源生産性の向上

企業で「もったいない」を実践し利益に結びつけるには、まず最初に「廃棄物」に対するイメージ（思いこみ）を一新する必要があります。

少しややこしいですが、まず「廃棄物とは何か？」について考えてみましょう。

廃棄物とは？

循環型社会形成推進基本法（循環型社会基本法）では、法の対象物として有価・無価を問わず、「廃棄物」として一体的にとらえ、製品等が廃棄物等となることの抑制を図るべきこと。発生した廃棄物等についてはその有用性に着目して「循環資源」としてとらえ直し、その循環的な利用（再使用、再生利用、熱回収）を図るべきことを規定しています。

この場合、「廃棄物」の定義は、廃棄物処理法で規定する「自ら利用したり他人に有償で譲り渡すことができないために不要になったものでゴミ、粗大ゴミ、燃えがら、汚泥、ふん尿などの汚物または不要物で、固形状または液状のもの」ということになります。

循環型社会基本法では、この廃棄物に「使用済み物品等又は副産物（廃棄物を除く）」を加えたものを「廃棄物等」と表しています。さらに循環資源を「廃棄物等のうち有用なもの」、またここでの「有用」の意味を「経済性の如何に関わらず再使用、再生利用及び熱回収が可能な状態」としています。

ここで廃棄物を「有価・無価を問わず」としていたり、廃棄物の中に「ゴミや粗大ゴミ」が含まれたり、循環資源を「廃棄物等のうち有用なもの」としたり、有用の意味に「熱回収」を入れていたり……まるでジグソーパズルですね。難解きわまりない定義ですが、何とか意味づけしてみましょう。

①有用な価値を持っていようと、まったく無価値であろうと、使用者が不要と判断した物はすべて廃棄物である。ただし、廃棄物は固形状か液状に限る。気体（ガス）は廃棄物ではない。

②有用とは経済的に成り立つか成り立たないかに関係なく、再使用（リユース）、再生利用（再資源化：狭義のリサイクル）、熱回収が可能な状態を意味する。

③廃棄物は、不要になった「ゴミ＋粗大ゴミ＋燃えがら＋汚泥＋ふん尿など」であり、自ら使用できたり、他人に有償で譲り渡せるものは廃棄物とは言わない。これは、必ずしも「ゴミイコール廃棄物ではない」ことを意味する。

もっと細かく意味づけできますが、ややこしくなるのでこれくらいにしておきましょう。

このように分類しても、私自身まだすっきりしません。この理由は、私が持つ廃棄物のイメージが「法律上の廃棄物とかなり異なる」からだと思います。

私は、最終処分されるものを廃棄物とイメージしていますが、法律上は「最終処分される前の状態も廃棄物」と呼んでいます。

また二酸化炭素、フロン、ダイオキシン類、揮発性溶剤、ＰＭ（ディーゼルエンジンなどから排出される大気中に浮遊している微粒子状物質）などはガス状（気体）のため、廃棄物とは見なされません。この定義のために、日本では「焼却処理」が主流になっているのではないでしょうか。「廃棄物処理法に抵触しない方法があるよ。燃やして気体にしてしまえばいいいんだ。しかも安上がりだよ」というわけです。

おそらく「廃棄物」という言葉に対する語感の問題だと思いますが、「廃棄物」は文字通り「最終的に廃棄される物質（固体・液体・気体）」とすべきではないでしょうか。

ここで廃棄物の中に最終的に廃棄される「気体」を入れているのは、いわゆる廃棄物を燃やしてガス状にすることで、現状の廃棄物処理法を免れようとする意図を封じるためです。

たしかに、最終埋め立て地が不足してきているので、固体や液体状の「目に見える」廃棄物を減らそうという意図はわかります。しかし目に見える物を燃やすと、目に見えない分子状の物質（気体）は酸素が化学結合する分だけ必ず増えるのです（質量保存の法則）。

特にプラスチックや食べ物などには炭素が含まれていて、これが燃える（酸化する）ことによって二酸化炭素が発生するのです。その結果、地球温暖化を加速することはいうまでもありません。

物を燃やすことは、（現状の）法律上の廃棄物が減るのであって、化学的には酸素の分だけ質量が増えるのです。欧州では目に見えない廃棄物を「分子ゴミ」と呼び、トータルの廃棄物を減らそうという動きもあります。

法律の専門家からはお叱りを受けるかも知れませんが、第1部で出てきた「環境税（炭素税）は、廃棄物の定義に気体を持ち込んだもの」と考えるとわかりやすいのではないでしょうか。

一部の学者さんの意見にある「燃やすのが一番コストがかからない」というのは、あくまでも現状の法律と経済システムにおいての話です。近い将来「（環境税などの導入で）燃やすとコストが増大する」という可能性を考慮しておくべきだと思います。

そうすることで、必然的に「燃やす物を少なくする」「物を使い切る」「燃やすことなく液体・固体状の（目に見える）廃棄物を削減する」「原料調達量を削減する」という「根本対策」へとつながっていくのです。

では、次に「根本対策」について考えてみましょう。

廃棄物を「分離物」と考える。

例えば商品の製造工程で出てくる商品以外の物はゴミ箱（廃棄箱）に入れない限り、廃棄物では断じてありません。これは明かに「分離物」です。

分離物は有価・無価という色は付いていません。その分離物を「有価とするか無価とするか」は法律で決めることではありません。そこで働く従業員や経営者が決めることなのです。

ある企業では無価として捨ててしまうものを、別の企業は有価として活用する。

この違いが企業の創造力（想像力）の差であり、実力（収益力）の差として表れるのです。そしてこれを成し得た企業が「持続可能な企業（サステナブル・カンパニー）」なのです。

次の式は、「材料総量をいかに削減するか」を考える際のヒントを与えてくれます。

材料総量＝商品に含まれる材料＋分離物
　＝商品に含まれる材料
　＋有価物
　＋商品あるいは有価物になるはずだったが見逃されてしまった分
　＋どうしても活用できなかったもの：無価物
　＋どこかに消えてしまったもの：紛失・揮散物

①「無価物」と「紛失・揮散物」を少なくすればするほど材料の歩留まりが多くなり、ひいては利益が大きくなる。

②同量の商品を作る場合、「商品あるいは有価物になるはずだったが見逃されてしまった分」を「商品に含まれる材料」に転化することで、材料総量を削減できる。

この①②を実践することこそ、材料の総量を削減し、次に述べる「資源生産性」を向上させるポイントです。

(6)企業にとっての「資源生産性」

これからは、あらゆる企業で「資源生産性をいかに高めるか」が最大のスローガンになるでしょう。

一般に「資源生産性」とは「その国の産業や国民が資源を有効に利用しているかどうかを表す指標」です。国内総生産(GDP、金額ベース)を、生産に使用された国産・輸入天然資源と輸入製品の総量(重量ベース)で割ったもので、より少ない資源でより多くの生産ができれば値は上がります。

しかし、本書で言う「資源生産性」とは企業にとってのもので、文字通り「資源をどのくらい有効に使ったか」という指標です。簡単に言えば「いかに少ない資源でいかに高い品質の商品やサービスを市場に提供しているか」ということです。

つまり「資源生産性の向上」とは「購入原料を少なくし、製品の歩留まりを上げ、廃棄物を最小限にする」という、企業にとって当たり前のことを行うことで実現するものなのです。

「資源生産性を向上させる」具体的な方法としては、「省エネルギー性」「省資源性」「省スペース性」「安全性」「リサイクル可能性」「無漏洩性（液漏れやガス漏れなし）」「シンプル性」「不良率低減」「出荷ミス防止」「返品削減」「事故やミス防止」などがあります。

このような改善が生産プロセスの中枢部だけでなく、実は企業活動すべての段階に求められています。資源生産性の向上は、「コストの低減」「企業リスクの回避」「環境負荷の低減」という企業の3大ニーズ（課題）の達成に大きく寄与するからです。

67ページで取り上げた事例で考えてみましょう。

1メートルの鉄棒から10㎝の部品が10個できるはずだが、切りしろがあるので実際には9個しか作れない。しかも8㎝の廃棄物が出て、これに廃棄物処理コストがかかかる。
検討の結果、この部品を9・8㎝にしても強度も問題ないし、他の部品の寸法変更の必要もないことがわかった。
こうすれば、部品が10個できて、廃棄物は0・2㎝しか出ない。こうすることで製造原価が下がって利益率が高くなり、廃棄物処理コストも大幅に削減できる。

ここで明らかなことは、これまでにも再々述べてきたように「廃棄物などを捨てていたのではなく、資源すなわちお金を捨てていた」ということです。

廃棄物という言葉を使えば、捨てることを正当化してしまいます。しかし、お金を捨てているという観点に立てば、「もったいない、できるだけ有効に使おう」という発想になるのではないでしょうか。

第1部で述べたように、「地球環境を守るために廃棄物を削減する」というよりも、「捨てる物をできるだけ少なくする、つまりお金を無駄にしないのは経営者、ひいては企業人の重要な責任」なのです。これこそが「資源生産性を向上させる」ことに他なりません。もちろん結果として、地球環境保全のために大いに貢献するというわけです。

さらに具体的に考えを進めていきましょう。

ファクターとは？

最近、環境経営の話題の中で「ファクター4」とか「ファクター10」という用語が頻繁に出てくるようになりました。ここで使われている「ファクター」は倍率を表していると考えてください。

例えば「ファクターX（エックス）」は、「資源生産性をX倍にする」とか「環境負荷をX分の1にする」という意味です。このXを何にするかについては多くの見解がありますが、「ファクター4」と「ファクター10」が代表的なものです。

①ファクター4

1992年、ローマクラブに対して行われた「豊かさを2倍に、環境負荷を半分に」することを目指す報告の中で使われました。技術的には資源生産性を現在の4倍にすることが可能であり、個人や企業、社会を豊かにすることができることを示したものです。

ファクター4は、製品性能を2倍にして物質集約度を2分の1にすることで達成されます。これによって、「資源消費量を現在の半分に抑えながら、世界中の人たちの平均的な生活水準を現在の2倍に引き上げることができる」としています。

②ファクター10

ドイツのヴッパータール研究所が1991年に提起した目標です。同研究所のシュミット＝ブレーク氏は、世界の人口増加を考えるとOECD諸国ではファクター10が必要、と主張しています。

持続可能な経済社会を実現するためには、今後50年のうちに資源利用を現在の半分にする必要があり、地球の全人口の20％を占める先進国がその大部分を消費していることから、先進国において資源生産性（資源投入量当たり財、サービス生産量）を10倍に向上させる必要性を強調しています。

企業においても、資源生産性を示す指標として「ファクター」という言葉を使っているところが増えています。企業によって少しずつ定義が異なりますが、おおむね次のようにして算出しています。

例えば、省エネ性で消費エネルギーが半分になった。1／2ですね。

それから、使っている素材の重量が半分になった。これも1／2。

これらをかけ算すると、1／2×1／2＝1／4。

そして、その逆数は4なので「ファクター4」とします。

ファクターを高めるとは、言い換えると「資源生産性をいかに高めるか」ということです。「インプットした資源をいかに有効に使い切るか」ということです。

(7)資源生産性向上＝分離物を有価物にする割合を高くする

前述のように、廃棄物は「分離物」です。

廃棄物という言葉を用いると、どうしても汚いとか臭いというマイナスイメージが出てきます。そのために、「資源をいかに有効に使うか」というアイデアが出にくくなっています。

そういう意味もあって、私は「まずは廃棄物を分離物と考えてみる」ことをお薦めしているのです。「分離物」という名前に変えて白紙の(価値判断を加えない)状態にしておいて、その分離物を有価物にする方法を考えるのです。

分離物を有価物にする割合の高い企業が、いわゆる「資源生産性の高い企業」、換言すると、「利益を出していく能力の高い企業」と言うことです。

もしも廃棄物が黄金だったら誰も捨てないはずです。しかし、廃棄物を汚い物と思い込むと、捨てることを正当化してしまいます。だから、まずは分離物という白紙の状態にして、それをどうしたら有価物にできるのかを考えるのです。

サービサイジング=資源生産性を高めるビジネス

そこで、「資源生産性を高める商品やサービス」をサービサイジングと考えると、実は大幅に市場が広がります。

先にも挙げましたが、「省エネルギー性・省資源性・省スペース性・省人性・安全性・リサイクル可能性・無漏洩性」などに寄与することは、資源生産性を高めることであり、環境負荷の低減につながります。

「無漏洩性」というのはわかりにくいかも知れませんが、揮発性溶剤をイメージしてください。溶剤の蒸発を防ぐことは、それだけ有効に活用していることになり資源生産性が高まりますね。

シンプル性も軽量化されたり、製造時間が短縮されたりして資源生産性を高めます。さらに、例えば「不良品を減らす方法」とか、成型の「バリを減らす方法」なども資源生産性を高めることは明らかです。

また、意外かも知れませんが「出荷ミスを減らす方法」も資源生産性を高めることになります。出荷ミスで1つの物を車に乗せて取りに行ったり持って帰って来るだけで、環境負荷はけっこう大きくなります。

営業マンの打合せミスをなくすための教育や、出荷ミスをなくすための伝票処理システムの構築も、結果として資源生産性を上げ、ひいては環境負荷を削減するための手段になり得ます。

さらに、これらの経験を一般化して「出荷ミス防止ソフトウェア」などを開発すれば、立派な環境配慮型商品「エコプロダクツ」として世に出すことができます。

このように、「資源生産性向上」という観点でサービサイジング、ひいては環境ビジネスを考えると、ビジネスチャンスが大きく拡大することになるのです。

(8)エコデザインの導入で資源生産性をさらに高める

これまでのことを勘案すると、資源生産性向上を実現する商品・サービスを「エコプロダクツ」と称しても差し支えないと思います。

とは言うものの、想いだけで商品化できるものではありません。やはり、それなりの方法論が必要です。

ここで役立つのが「エコデザイン」という考え方であり、手法です。

エコデザインとは?

エコデザインとは「環境配慮設計」のことを意味し、文字通り「環境に配慮して製品を設計すること」です。もちろん、外観のデザインは商品としての必須条件であり、いくら地球に優しい商品であったとしても見た目が悪ければあまり売れないでしょう。

外観のデザインはその分野の専門書に譲るとして、ここでは「商品の資源生産性を向上させる（環境負荷を低減する）ためにはどのような設計上の配慮が必要か」に役立つ手法をエコデザイン（環境配慮設計）と表現することにします。

資源生産性の向上に焦点を当てると、エコデザインは製品やサービスのライフサイクル全般、つまり「資材調達・製造・物流・保管・使用・廃棄など」すべての段階で環境に配慮した企画・設計をすることが必要になります。

具体的には、①原材料使用量の抑制、②製造工程の簡素化、③製品使用時の省資源と省エネルギー、④耐久性の向上、⑤利用密度向上、⑥リサイクル可能性の向上、という観点で設計を進めることになります。

次表に「エコデザインに望まれる条件」を挙げていますので、これを参考に自社の特徴を踏まえた「エコデザイン基準」を作成してください。

そしてこれを設計基準として、すべての設計者が「理解し・徹底し・活用する」システムをつくり上げてください。

またエコデザインを実施するに際して、「素材の製造」「製品の製造」「製品の使用」「製品の廃棄」の各段階で、環境に優しい「エコマテリアル」が備えるべき条件があります。次表は、各段階ごとに求められるエコマテリアルの条件を示しています。

【エコデザインに望まれる条件】

基本的視点	エコデザインの例
原材料使用量の抑制	・従来の機能を保持した製品の小型化・薄型化 ・リサイクル部品を使用する設計
製造工程の簡素化	・部品数の削減と部品の種類の統一 ・使用する工具類を最小限にする設計 ・溶接や打点数を少なくする設計 ・過剰な塗装や装飾を行わない設計 ・製品モデル数の抑制
製品使用時の省資源と省エネルギー	・電力、ガソリン、水等の消費効率の向上 ・製品重量の低減 ・自動的に電源等を off にする設計 ・自然エネルギーを駆動力とする製品の設計
耐久性の向上	・メンテナンスや修理可能な設計 ・洗浄や検査が容易となる設計 ・アップグレード（部品の取り替えによるバージョンアップ）可能な設計・頑丈で信頼性の高い設計
利用密度向上	・多機能化（複数の機能を少数の機種に集約） ・利用頻度の少ない機能の削減 ・共同利用やリース・レンタルが容易となる設計
リサイクル可能性の向上	・解体・分解が容易となる設計（構造の単純化、部品数の削減等） ・部品や素材の再資源化が容易となる設計（部品の規格化、素材品質の統一） ・継続的利用が可能な部品の設計 ・運搬や回収が容易となる設計

出典：環境庁（当時）資料から三井情報開発㈱が作成した図表に、著者が加筆しています。

【エコマテリアルに望まれる条件】

ライフサイクル	エコマテリアルの条件
素材の製造段階	・素材製造における資源とエネルギー消費量が小さいこと ・素材化の際に環境を汚染させないこと、あるいは汚染防止に要するコストが安いこと ・リサイクル物質を多く含む素材であること ・枯渇の恐れが少ない資源、再生可能な資源を原料にしていること
製品の製造段階	・加工しやすい（加工のためのエネルギー消費量が小さい）こと ・素材の歩留まり率が大きい（無駄に捨てる分が少ない）こと ・製造工程内でのリサイクルが容易であること ・製造段階で有害物質を発生しないこと
製品の使用段階	・使用時にエネルギー消費量が小さいこと ・耐久性があり、長持ちすること ・使用時に人体や自然生態系に悪影響を与えないこと
製品の廃棄段階	・リサイクルが容易な素材であること（回収システムが完備し、リサイクルプロセスが確立していること） ・自然界に排出された場合に分解されやすいこと、自然生態系への影響が小さいこと（環境ホルモンなどの疑いのある物質が溶出または発生しないこと） ・食物連鎖に伴う生物濃縮係数が小さいもの ・他の物質との複合作用が小さいと確認されていること

出典：東京大学の山本良一教授の資料から三井情報開発㈱が作成した図表に、著者が加筆しています。

第3章　サービサイジングの課題と留意点

(1)いかに進化させていくか?

サービサイジングは個々の企業だけでなく、資源生産性の向上によって社会全体の環境負荷の低減も実現させるものです。実際に、わが国において40年以上にわたって社会に貢献しています。しかし、サービサイジングの先進企業はその実績に安住することなく、さらなる進化を指向しています。

前述のように、これからのサービサイジングは「機能を売る」に加えて、「安心」「安全」「健康」「癒し」などを付加しながら進化すると思われます。

サービサイジングの元祖とも言える株式会社ダスキン（150ページ参照）は、「当社のレンタルシステムには改善の余地がある」と現実を謙虚に捉えています。

例えば、「配送や営業時に車を使うので、輸送時の環境負荷の低減を進める」「エコデザインを推進し、二次利用しやすい形状や材料を求め続ける」「メンテナンスサービスを充実させる」など、「より進化したレンタルシステムを目指す」としています。「まだ使える商品の期間延長」などの検討余地もあり、これからも進化し続けるサービサイジングビジネスの先鋒であり続けていただきたいと思います。

また株式会社タクミナ（165ページ参照）の事例で、スムーズフローポンプという高精度のポンプを紹介しましたが、これに至るまでに何段階もの進化を遂げてきているのです。

第1段階で、ポンプを3つ連結することで『間欠流（脈動）』を『連続流』にしていたものをポンプ2つで連続流にすることに成功しました。エコデザインを追求することも並行して進めていたため、本体の大きさが1／2になりました。

しかし同社の技術者はこれに満足せず、さらなる資源生産性の向上を目指し、ついにポ

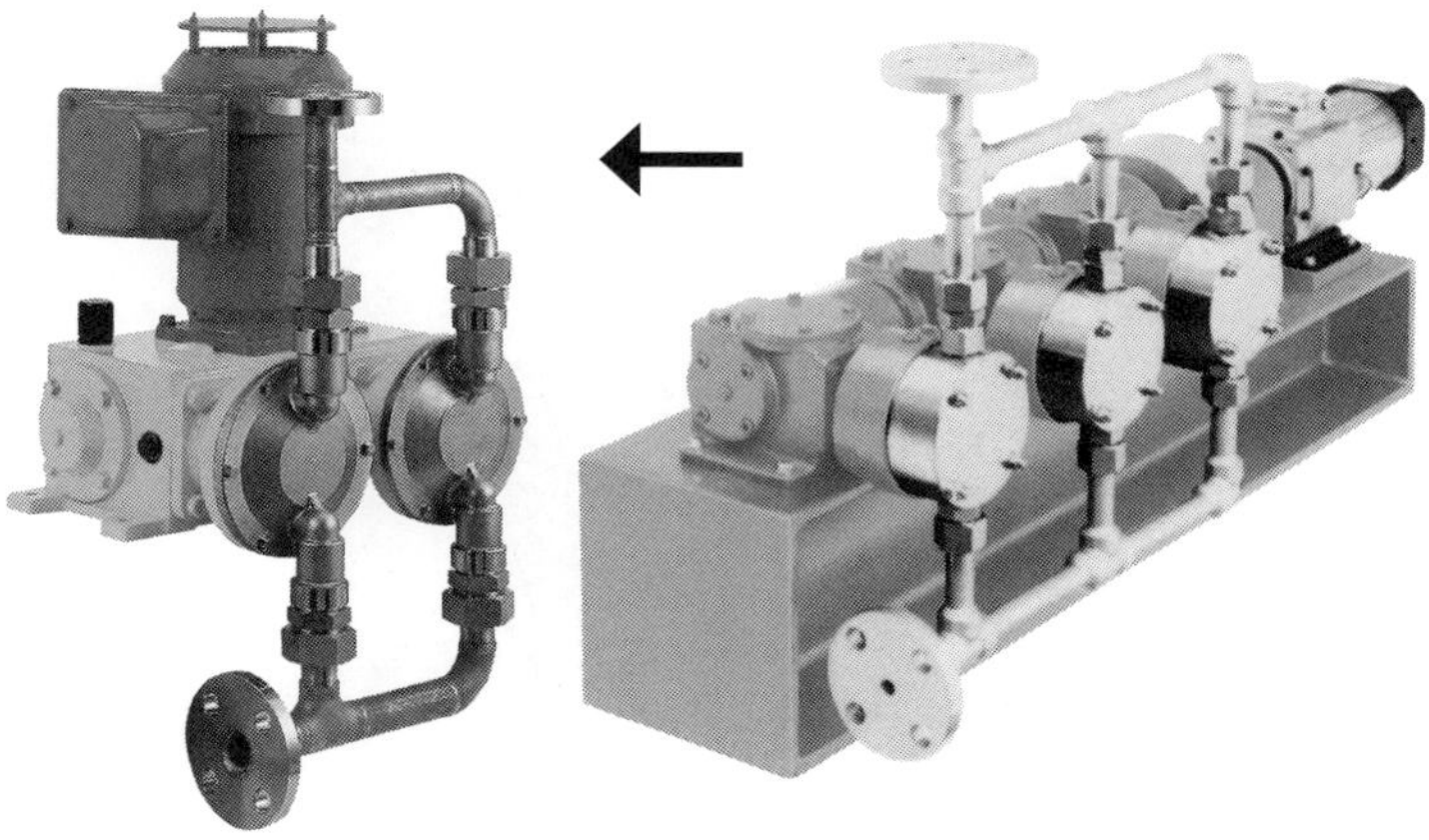

【3ヘッドから2ヘッドへ】

ンプ1つのスペースで、より高精度な『連続流』を達成したのです。左右に2つ並んでいたポンプヘッドを下図のように「前後に配置する」ことで大幅な小型化に成功したと言うことです。

また最近では、モーターの回転を伝える機構を改良し、モーター出力の半減を達成しています。

これらの進化によって、消費電力、使用資材（資源）量、本体の大きさ、設置スペースなど、資源生産性が格段に向上しています。これはメーカーサイドだけでなく、ユーザーサイドにとっても省エネルギー、省スペースなど環境負荷の低減につながっているのです。

【2ヘッドから1ヘッドへ】

(2)定義にとらわれない

株式会社タクミナの事例は、物を販売しているという観点から「サービサイジングとは言えない」という人も出てくると思います。しかし、このポンプがもたらす好影響を全体として見た場合、ユーザーにとっても、社会にとっても、地球にとっても大いに貢献するサービスと言ってもいいのではないかと思います。

私たちは、いったん定義をしてしまうと、それに合致しない物や状況を除外する傾向があります。何かを定義することで、他との区別や分類に役立つことはたしかにあります。しかし、あまりに定義に固執しすぎて融通が利かなくなり、進化の妨げになることもよく起こります。

発展途上のものについては、柔軟性を失わないようにしたいものです。

(3)サービサイジングの前に実践がある

サービサイジングは比較的新しい言葉ですが、内容自体はかなり以前から存在しています。現にダスキンのレンタルシステムは1963年から始まっています。

サービサイジングは多くの経営用語と同様に後付けの言葉です。始めに先行実例があり、それを研究者が集約し、モデル化・定義化されたものです。だから定義にこだわる必要などないのです。いや、こだわってはいけないのです。

資源生産性の向上を極めたら、それがたまたま世間で言うサービサイジングだった。サービサイジングのつもりで発表したら、それは違うと言われ、別の用語をつけられた。それでいいのです。

「何のためのサービサイジングか」を考えたら、おわかりいただけると思います。サービサイジングは、環境負荷低減（資源生産性向上）の手段であり、目的ではありません。遠慮なく、たくさんのアイデアを考えてくださいね。

（４）ＣＳＲの要素をいかに組み込むか？

商品やサービスにＣＳＲ（企業の社会的責任）の要素を組み込むことも、これからのサービサイジングに不可欠な要素になると思われます。これも専門家によっては「サービサイジングではない」と判断するかも知れません。しかし、ある商品やサービスによってもたらされる安全・安心が周囲に広がっていき、社会全体への安全・安心へとつながるならば、立派な社会的サービスと考えていいと思います。

現実問題として、使い方のまちがいや構造上の不備によって、人命に関わる事故につながるケースがよくあります。一般に小さな異常や事故程度では何の手も打たず、大きな事故が発生した後で初めて対策を講じることが多いように見受けられます。

多くの企業では「ハインリッヒの法則」の周知や「ヒヤリハット運動」の推進によって危険を回避しようと努力しています。

「ハインリッヒの法則」とは、「1つの重大事故の背後には29の軽微な事故があり、その背景には300の異常が存在する」という経験則です。また、「作業中にヒヤリとしたこと、あるいはハッとしたことを出し合い、いかに事故を減らすかをみんなで考える運動」を「ヒヤリハット運動」と言います。

しかし、自社の事故を普遍化して他社に役立ててもらう知恵に進化させたり、他社の事故を他山の石として自社に置き換えて予防策を立てるような企業は多くはありません。

その結果、同種の原因に起因する事故が形を変えて繰り返し起こることになります。

このような運動はQC活動として行われ、「自社の（事故防止・利益・発展）ために」という利己的な目的に堕してしまう可能性があります。これではCSRの実現など、ほど遠い妄想になってしまいます。

本気でCSRに取り組むのならば、「自社だけでなく、社会全体に安全・安心を実現するような商品・サービス」を創造すべきです。

これまでにも、「ある機械・装置・システムにおいて、誤操作、誤動作による障害が発生した場合、常に安全側になるように設計しておく」という「フェールセーフ」という考え方がありました。もちろんこの発想でいいのですが、自社のみならず社会全体の利益を考えることがポイントです。

もし業界全体の問題だとしたら、競合他社にもフェールセーフ対策を呼びかけて、社会全体での安全確保を実現させようとする志が欲しいものです。当然、競合他社からは「余計なことを言うな」などとクレームがつくと思いますが、「事故が起こったときの社会的影響」や「事後処理にかかる膨大なコスト」などを例に挙げて説得することは、「そのことに最初に気づいた企業の責任」なのです。

たしかに厄介なことですが、真摯に取り組むことで、『信用・信頼』という大きな贈り物を社会から必ず受け取ることになるでしょう。

このような取り組みは、CSRの一環としてすでに始まっています。

その1つの事例として、株式会社タクミナ（既出）の「簡易リリーフ弁付定量ポンプ」を取り上げることにします。

この商品が生まれた背景は次の通りです。

①このポンプは産業用機器で、使うのは専門家である。

②リリーフ弁（安全弁）が必要であることは、ある程度知られているが完全ではない。また、知っていても実行されていない例も多い。

③リリーフ弁設置等の安全策はユーザーに課せられている。

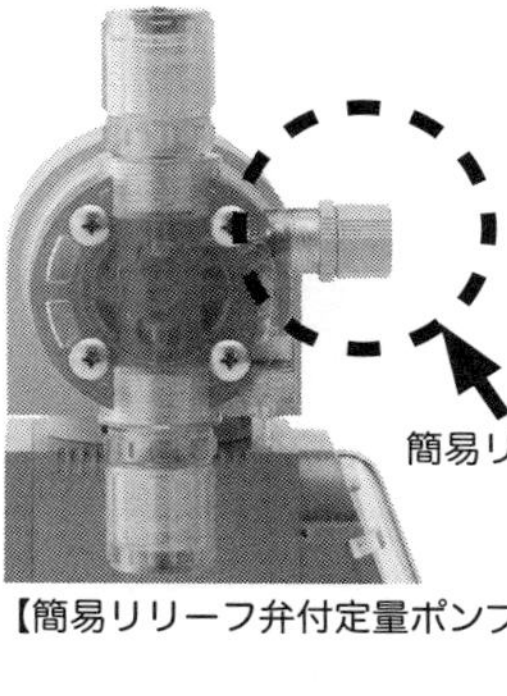

【簡易リリーフ弁付定量ポンプ】

商品の説明は専門的になりすぎるので、ここでは同社の姿勢をご紹介しましょう。以下は、同社の社外広報誌で表明された見解です。

タクミナでは、定量ポンプが事故の可能性を内包しながら使用されている現実に懸念を抱いていました。そこで、定量ポンプのおかれている現状とお客様の事情に配慮し、「ポンプメーカーとしてお客様の安全を守ることは最低限の義務である」との考えから、最小のコストとスペースでこれらの問題を解決でき、ラインの安全性を高められるポンプとして、リリーフ弁の機構をポンプに内蔵した「簡易リリーフ弁付定量ポンプ」を開発しました。

《中略》

メディアで取り上げられているように、製品の安全性を重視する社会的意識が高まり、CSR（企業の社会的責任）に対する姿勢が厳しく問われるようになってきました。

定量ポンプは配管が詰まったりバルブを閉め切ったりしたまま運転すると配管かポンプが壊れるまで圧力が上昇し続けることは、メーカー各社や専門家の間では広く知られていることですが、すべてのユーザー様がその特性（誤使用による危険性等については説明書で示されていますが）を十分に理解されているとはいい難いのが実情です。

タクミナでは「ユーザーにとって安全な機器を提供することがメーカーとしての責務」と考え、単に起こりうる危険を注意喚起するだけで済ませるのではなく、誤った使い方をしても事故に至らない製品作りを目指し、製品開発に取り組んでいます。

【同社の社外向け広報誌「じょいんと」より】

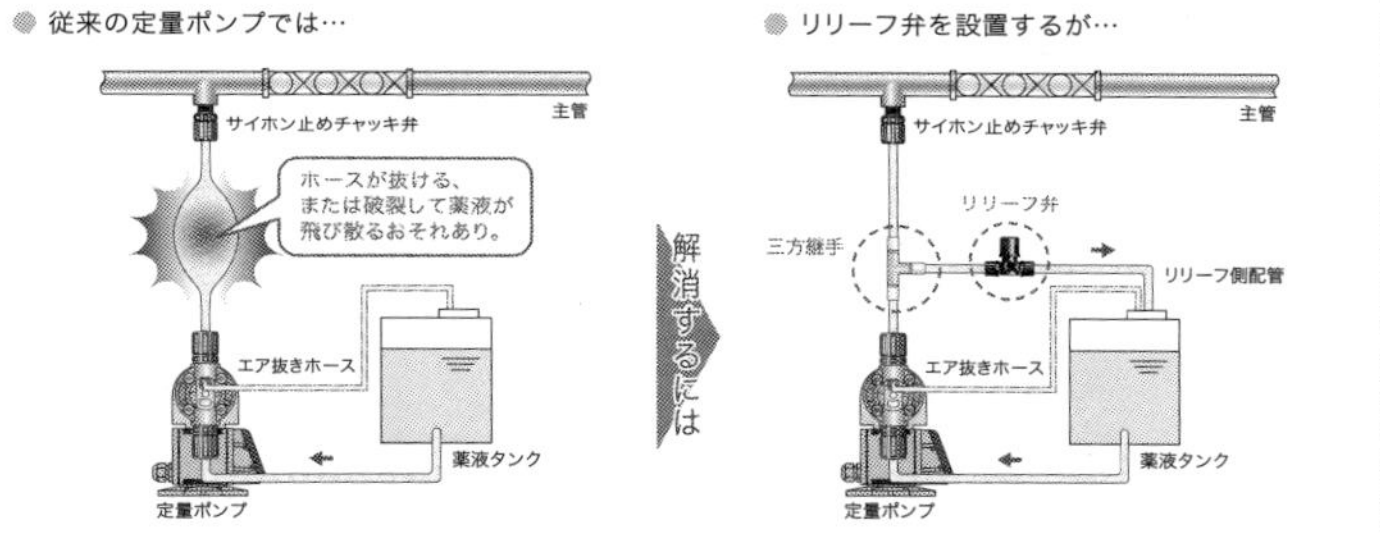

注入点の詰まりや締切運転により
異常圧が発生すると 危険

発生した異常圧を開放するにはリリーフ弁や三方継手などの
オプション機器が必要となり、高コスト で設置も 面倒

簡易リリーフ弁付ポンプヘッドなら、これらの問題を一挙解決!

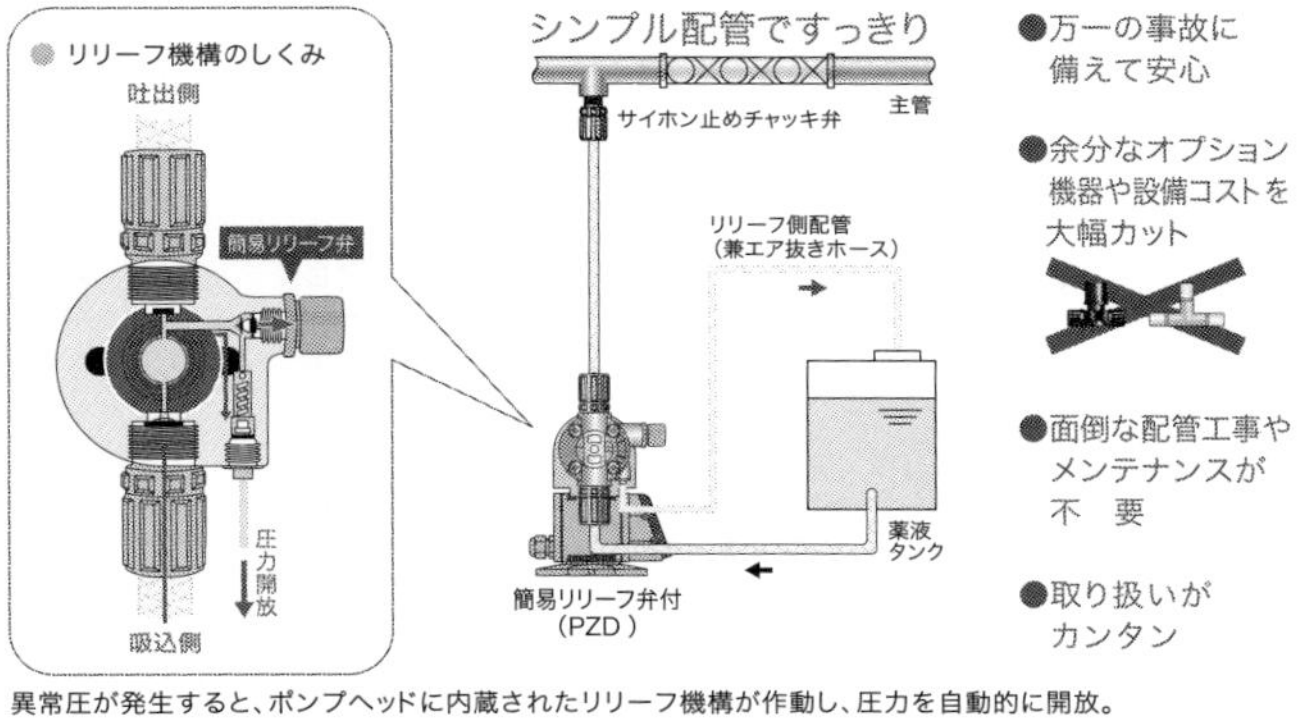

異常圧が発生すると、ポンプヘッドに内蔵されたリリーフ機構が作動し、圧力を自動的に開放。

http://www.tacm ina.co.jp/products/product03/releaf_valve.html

この見解文を「社外広報誌」に載せたことが重要なのです。この行為によって、「商品そのものが持つ問題点（本当はみんな知っていることなのですが）をユーザーが強く認識し、競合他社も追随せざるを得なくなるはずです。この原因で事故が起こったときは、もはや『知らなかった』という言い訳が通用しなくなるからです。

同社にとっては、1つの商品に対策を施したに過ぎないかも知れません。しかし、これを世間に告知することで、まちがいなく「対策を施していない場合に起こったであろう大事故」が未然に防止できたのです。

そういう意味で、この事例を社会的なサービスとして「サービサイジング」の重要な事例として取り上げました。

ちなみにこの商品は、2007年度の「グッドデザイン賞」を受賞しています。「安心・安全」を考慮した商品のデザインコンセプトが優れている点、ユーザーが抱えている問題を高い次元で解決している点などが評価されたということです。

なお、グッドデザイン賞は経済産業省により1957年から実施され、1998年より財団法人日本産業デザイン振興会に事業を移管して実施されています。外見のデザインだけではなく、いわゆる設計思想とその具体化も重要視されているようです。

人財の育成が不可欠

この事例のように、今後は「サービサイジングにＣＳＲの要素をいかに取り込むか」が課題となるでしょう。そのためには、広い視野と創造性を持つ人財の育成が不可欠です。

この点については、ＣＳＲ経営推進コンサルティングの第一人者である株式会社クレアンの薗田綾子社長が次のように述べておられます。

「企業は人なり」ですから、そこで働く社員がいかに優れた人間力を持ち、その能力を磨いて、社内だけでなく社外の人々と協働して様々な社会問題の解決にあたっていくことができるのか。企業として積極的にそうした役割を果たしていこうと考える高い意識を持った経営者が確実に増えてきています。言い換えると、究極のＣＳＲ経営とは、サステナブル（持続可能）な社会実現に向けて、その企業のコアコンピタンスをいかに発揮できるのか、そしてそこに向かって実際に行動を起こせる人財をいかに生み出していくのか、ということなのではないでしょうか。それが今後も企業が社会と共生し、存続していくための唯一の方法になることでしょう。

なお同社は、１９８８年の創立以来、サステナブルな社会システムへの変革を導くための新しいビジネスモデルの創造を目指してこられました。

当初は女性の感性を活かしたマーケティングビジネスを展開、１９９７年には日本初の環境問題をテーマにしたｗｅｂマガジン「エコロジーシンフォニー」を創刊されています。その後、環境・ＣＳＲ報告書の企画・制作コンサルティングビジネスを他に先駆けて確立。現在はレポーティングをはじめとしたＣＳＲコミュニケーションに関するコンサルティングとＣＳＲ推進に関する経営コンサルティングのサービスを一体で提供する日本で唯一の専門会社に成長しています。

同社のビジネスモデルは、事業活動そのものがサステナブル社会の構築に貢献する人財を育成し、ひいては企業の社会的責任意識を高めるという意味で「サービサイジング」の理想型と言えるのではないでしょうか

―― コラム ――

あなたの会社の『回転ドア』って何ですか？

以前、あるビルで子どもが回転ドアにはさまれるという事故があり、社会的に問題になりました。私はこれは単なる一企業の問題ではないと考え、「あなたの会社にとっての回転ドアは何ですか？」と、コンサルティング先の企業に問いかけました。

世の中の多くの企業は、回転ドアを使っていません。だから、ほとんど他人事、対岸の火事です。「回転ドアを使っているところは大変だな」と同情はするものの、自分事に置き換えることはまずありません。そして、また新たな事故が繰り返されるのです。

いつもこのパターンです。

さて、もう一度質問です。あなたの会社にとっての回転ドアは何ですか？

ある企業が、この問いかけに真剣に取り組み、ついに発見したのです。

調べてみると、以前から社員から警告されていたことでした。そのときの警告者に対する回答は、「考えすぎだ」「いま必要ない」「コストがかかる」「今のところそんな事故は起こっていない」でした。よくあるパターンです。その企業もそうでした。

しかし、とうとう気づいたのです。自社にとっての回転ドアに！

回転ドアとは似ても似つかないものでしたが、まぎれもなくその企業にとっての回転ドアでした！

これで未然に事故が阻止されました。ひょっとすると、何人かの（いや多数の）命が救われたかもしれません。でも、それが誰の命かは永久にわかりません。「事故なんて起こらないじゃないか」という非難を受けるかも知れません（対処をしたから起こらなかったのですが……）。

それでいいのです。

顧問先の企業から「わが社にとっての回転ドアを見つけました。すでに対処が終わりました」との報告をいただいたとき、この上ない喜びを感じました。

売上や利益が増えた、という実績もたしかに嬉しいものです。

でも、数字には表れないものの「極めて重要な隠れた成果」につながったときほど、「コンサルティングをやっていて良かった」と感激することはありません。

さて、もう一度質問です！

あなたの会社にとって、あなたの学校にとって、あなたの家庭にとって、そして、あなたにとっての回転ドアって何ですか？

あなたの職場で、家庭で、またあなた自身で次のようなことがある、あるいは、あったとすれば、ぜひとも真剣に検討してみてください。

1．誰かが「これって危ないんじゃないか」と危惧していること。
2．危ないとはわかっているが、コストがかかるからと躊躇していること。
3．危険を忠告されているが「これまで、そんなことは起こっていない」と無視していること。
4．良くないこととはわかっていながら、お客さんの言いなりになってしまっていること。
5．老朽化している安全装置を騙し騙し使っていること。
6．機械やコンピューターに頼り切っているシステム。
7．「人間はミスをするもの」という前提に立っていないシステム。

これらの延長線上に、「惨事」は十分に想定できます。もう「想定外だった」というコメントは聞きたくありませんね。みんなで真剣に、「事故を未然に防止すること」を考えてみませんか。

事故やトラブルの起こらない機械やシステムは、問題が生じた後で必要となるエネルギーや資源を削減できるので、結果として余計な環境負荷がかかりません。そういう意味で、広義のエコプロダクツとも言えるのではないでしょうか。

第4章　日本の知恵を世界に発信する

(1)あるドイツ人紳士の叱責

以前、あるドイツ人紳士から叱られたことがあります。

「日本人は、どうして環境についてドイツに学びに来るのだ。〝ドイツは環境先進国〟と思いこんでいるのでないのかい。いまドイツがそういう評価をもらっているのは、日本のお陰なんだよ。

ドイツはかつて酸性雨によって、シュバルツバルトという森を失ってしまった。現存しているのは全部人工林だよ。そこでようやくドイツ人は環境に目覚めたんだ。どうすればいいか模索していたとき、東洋の自然観に触れたのだ。それが循環という考え方だ。それをもとにしてできたのが、循環経済法という法律なのだ。そのほかにも〝もったいない〟とか、〝足るを知る〟という思想も学んだのだ。

日本はドイツよりも環境に関しては先進国だ。その証拠に、いまドイツ人が実践していることは、すべて数十年前には日本で当たり前のことだったろう。量り売り、はだか売り、廃品回収……それに、ドイツではマイバックを持ち歩いているが、日本には風呂敷という何にでも使える素晴らしい文化があるじゃないか。

日本人はもっと自信を持つべきだ。ドイツに来るのはいいが、その前におじいちゃん、おばあちゃんから学びなさい」と。

歴史的事実の真偽はともかく、私は大きなショックを受けました。「とてつもなく大切な忘れ物」をしていたようで、深く反省しました。

その「とてつもなく大切なもの」とは、今日まで連綿と続いてきた先人の知恵だと思います。

「循環」「足るを知る」などの東洋思想はもちろん、特に日本には前述のように「もったいない」という発想があり、そしてそこから素晴らしい知恵が無数に生み出されてきました。

①ゼロエミッションもサービサイジングも原点は東洋の知恵

ゼロエミッションは、提唱者であるグンター・パウリ氏が「自然から学んだ」ものであり、東洋の自然観と軌を一にしています。現に、パウリ氏は「タオ（老子の思想）」など東洋思想から大きな示唆を得ているようです。

またサービサイジングについても、「もったいない」という発想が根底に流れています。

サービサイジングの元祖と言われるダスキンのレンタルシステムは、前述のように「勿体ない」という「物を活かしきっていないことに対する反省」から生まれたビジネスモデルです。また「物を売るのではなく機能を売る」という表現も、松下幸之助氏の「物をつくる前に人をつくる」という発想とつながっています。

奇妙なことに、本来私たち日本人が得意なはずの発想や考え方を日本人が言うと「古くさい」とか「現代には合わない」と聴く耳を持たず、名の通った外国人が誉めると脳天気に喜び、すぐに取り入れる（飛びつく）傾向があります。もうそのような、それこそ古くさい「西洋崇拝主義」から卒業しようではありませんか。

日本の伝統的な知恵をもっと信頼し活用することで、そこから現代にふさわしい商品やサービスがどんどん生まれてくるように思います。

もちろん西洋にも取り入れるべき素晴らしい発想やアイデアがあります。これを取り入れることで東洋と西洋の統合された「本当の意味でのグローバル・スタンダード」が誕生するはずです。

世界中が日本初のグローバル・スタンダードを求めています。この期待に応えることが日本の使命であり責任ではないでしょうか。

②現場の中に知恵がある……『見えない知恵』の『見える化』を

前項で「日本の伝統的な知恵をもっと信頼し活用することで、そこから現代にふさわしい商品やサービスがたくさん生まれてくる」と書きました。実は、個々の企業でもまったく同じことです。つまり「社内にある知恵をもっと信頼し活用することで、そこから素晴らしい新製品やサービスがたくさん生まれてくる」はずです。

いまここに会社が存在しているということは、必ず「(淘汰されずに生き残っている)理由」があるはずです。表面的には、商品・サービスが優れているからでしょうが、それを支える「知恵・ノウハウ・職人の技・匠の心など」が存在しているはずです。

しかし、これらは目に見えないことが多く、社内では「当たり前すぎて(存在に)気づかない」ことが多いようです。そういう意味で、社内に蓄積している「知恵・ノウハウ・職人の技・匠の心など」をここでは『見えない知恵』と表現することにします。

これらの『見えない知恵』こそ、企業の存続を支えている潜在力であり、資源生産性の向上をもたらす大きなエネルギーなのです。この『見えない知恵』を顕在化させることが、企業を進化させる大きなカギとなるでしょう。

例えばダスキンのレンタルシステムは、1963年に創業者の「もったいない(勿体あらしめる)を実現し、社会に役立ちたい」という理念から生まれました。この理念が社風を形づくって発展してきたため、社内では当たり前のこととして『空気のような存在』になっていたのです。そのために、このレンタルシステムが「資源生産性の向上（環境負荷の低減）に大いに寄与し、地球環境にも貢献している」ことに気づいている人が、5〜6年前まで社内にほとんど存在していなかったくらいです。

しかし、いまではすべての社員が「自社のレンタルシステムがもたらす環境への貢献」を自覚しているので、自信を持って、『ダスキンのエコ』として「くりかえし使うエコ」「減らすエコ」「みんなで使うエコ」「捨てないエコ」に取り組んでおられます。

環境経営のためには、二酸化炭素排出量や廃棄物量などを『見える化』することが大切と言われていますが、「知恵・ノウハウ・職人の技・匠の心など」の『見えない知恵』を『見える化』することはさらに重要だと思います。これこそが、企業を存続させてきた原動力であり、自社の強みなのですから。

企業にとって一番〝もったいない〟のは、存在に気づかずに捨て去られてしまう『見えない知恵』なのかもしれませんね。

もう1つ事例を挙げてみましょう（実例を元に少し脚色しています）。

あるパン屋さんに天才的な職人さんがいました。おいしく作るのは当然として、材料を無駄なく使い、もの凄く効率的な仕事ぶりで周囲を驚かせていました。

ある工場長が、そのノウハウを自社工場に取り入ようと秘訣を聞くと「勘だけ」という返事です。しかし「何か極意があるはず」と、彼の話を聴きながら作業をじっくり観察しました。すると「外の気温によって粉に混ぜる水の温度を変えていた」ことがわかったのです。これによって発酵が理想的に進むというわけです。

職人さんは「(動物的な)勘」で気温を感じ水温を調整していたのですが、これを『見える化』することで「外気温を測定し、水温をコントロールする」というシステムが完成したのです。

少なくとも「いまここに存在している(社会から存在を許されている)企業」には、このパン職人さんのような人が現存していると信じることです。

その他にも、「創業者の想い」や「個人個人が持つノウハウ」など、社内には多くの『見えない知恵』が蓄積されているはずです。

『見えない知恵』の『見える化』。ぜひともチャレンジしていただきたいと思います。

(2)老舗から学ぶ『見えない知恵』

もちろん社内だけでなく、あらゆることから『見えない知恵』を学ぶことができます。

ライバル企業から、成功事例から、失敗経験から、自然から、子どもたちから……。

すべては『わが師』ですね。

企業人としては、資源生産性の向上という点で、何十年も何百年も営業し続けている「老舗」から学ぶことをお薦めします。そこには見えようが見えまいが、膨大な『知恵』が蓄積されているはずだからです。何十年も何百年も生き続けてきたこと。これが何よりの証拠です。

様々な変化に対応して、いかに伝統を守り、いつも変わらない素晴らしいお店であり企業であり続けることができるのでしょうか？　もちろん変化に合わせて変化し続けることですね。

当たり前のことですが、「言うは易し行うは難し」。

このような場合、現実に変化に対応してきた「老舗」に学ぶことが一番です。いったいどのように対応してきたのでしょうか？

一例をご紹介しましょう。

以前、テレビで放映していた話です。うろ覚えですが、次のような内容でした。

京都の和菓子屋さんは、操業ウン百年の老舗。いまでも大人気のようです。何しろ、ずうっと味が変わっていないそうで、創業以来の伝統を守り続けているのです。

インタビュアーが、その秘訣を尋ねました。

すると、「(秘訣は)ずっと味を変え続けることです」という意外な返事。

そして「お客様の味覚はずっと変わり続けています。だからお客様に味が変わっていないと思ってもらうには、お客様の変化に合わせて味を変え続けなければならないのです」と言われたのです。


なるほど、変化し続けることが変化を感じさせない秘訣なんだ!

そんな驚きとも感動ともいえる感情が込み上げてきたことを覚えています。

そして、一方で「老舗」は変化に追従しているように見せて、さりげなく変化を創り出してきました。変化を創り出しながらも、変化に対応しているかのように見せる「ワザ」も老舗の老舗たるゆえんでしょう。

いま世の中は、大量生産・大量消費・大量廃棄社会から適正生産・適正消費・最小廃棄社会に移行しつつあります。また大量資源消費社会から低炭素社会、そして循環社会へと変化しつつあります。その変化に対応して、企業も変化して行かなくてはなりません。

そして同時に、企業は新しい時代を創り出す「変化の担い手」としての役割を果たしていく必要があります。

社会の変化から学び、知恵に進化させ、社会に変化を創り出す。

未来に輝く企業は、そんな存在であって欲しいと思います。

(3)西岡常一・頭領から学ぶ宮大工の知恵

老舗に限らず、日本の伝統産業の中には珠玉の知恵が蓄積されています。

ここでは、「最後の宮大工」と称された西岡常一氏の言葉を紹介します。西岡氏は、長年法隆寺の修復に携わり、法輪寺三重塔、薬師寺金堂の再建、同西塔の復興の棟梁をつとめられました。その輝く経験から生まれてきた知恵の数々は、環境経営を進めるにあたって大いなる恩恵を与えてくれるに違いありません。

以下に西岡氏の語録を列挙します。解釈は人それぞれなので、解説という野暮なことはしません。あなた自身の感受性と感性を信じて、感じたこと・受け取ったことを日常業務に大いに活かしていただきたいと思います。

☆あなたが今造っているものが、50年もたったらその町の文化になる。そういうものを造らなければいけない。
☆お金をかけることよりも、本物の素材をうまく生かせば美しいものは造れる。美しいものはかならず残ります。
☆古いから美しいのではなくて、古くなっても美しいものはやっぱり本物なのです。
☆建物にいのちをふきこまなければいけない。
☆棟梁の仕事とは、木のクセを見抜いて、それを適材適所に使うこと。
☆木のクセを見抜いてうまく組まなくてはならないが、木のクセをうまく組むためには人の心を組まなくてはあきません。
☆職人が50人いたら50人が私と同じ気持ちになってもらわないと建物はできない。
☆相手のことを心から考える。

まさに、商品やサービスのあるべき姿が現れていますね。この中から新たな環境経営用語が生まれるかも知れません。新語、しかも横文字の専門用語が作り出されたあとで飛びつくのではなく、すぐにでも学んだ知恵を活かすことを考え、自社なりの工夫を始めることが大切です。

これが本当の「温故知新（故きを温ねて新しきを知る）」だと思います。

エピローグ1　終了テスト

　ここまで『環境経営』についての方法論や知恵について述べてきましたが、納得していただけたでしょうか。

　もちろん環境経営についても数多くの考え方があり、本書を何から何まで信じる必要はありません。むしろあなたの培ってきた知恵やノウハウを加算して、オリジナルの環境経営に進化させていただきたいのです。

　本書を終えるにあたって、次の事例〈設問〉について考えてみてください。

　解決策の一例もご紹介しますが、もちろん答えは1つではなく数多くあるはずです。

　ぜひ、ここまで学んだことだけでなく、あなたの考えも取り入れて考えてみてください。


〈設問〉

　あなたは中堅化粧品会社の研究開発部長です。

　部下の開発員から「既存の化粧品使用量を低減する〝秘薬〟を開発した」との報告を受

けました。「この〝秘薬〟を既存の化粧品に添加するだけで化粧品の使用量が10分の1で済む」というのです。効果は従来と同等以上で、人体に悪影響を及ぼさず、生分解性にも優れているということです。

企業にとっても、①原料使用量が削減できる（材料費が削減できる）、②生産プロセス全般で省エネ・省資源が図れる、③生産プロセス（プラント）自体が小さくなる、④廃棄物量が削減できる、⑤原料や商品などの輸送コストが削減できる、⑥廃水処理設備が小さくなる、⑦洗顔時に流出する化粧品量が少なくなるなど、環境面やコスト面で大いに貢献できます。

あなたは、「これは素晴らしい」と喜び、さっそく商品企画書をまとめ上げ、営業会議に諮りました。

すると、あろうことか営業サイドから「総スカン」を食ってしまったのです。「そんな商品が世に出たら化粧品が売れなくなってしまうじゃないか。へたすると売り上げが10分の1だ。その〝秘薬〟がこの売り上げ減を補填するなんてとても思えない」との批判です。

さて、あなたはこの批判に対して、どのように応えるでしょうか？

ヒント：サービサイジングの観点で考えてみると……

【あなたの解決策】

【解決策の一例】

サービサイジングの「物を売るのではなく機能を売る」という観点から、「化粧品を売るのではなく機能を売る」というアイデアが出てきます。

化粧品の本質的な機能であり目的は、『使用者の美顔を保つ』ということです。

だとしたら、例えば「あなたの美顔を保ちます」というサービスを提供してはどうでしょうか。カウンセリングやレクチャーを付加して、年会費制の『美顔維持契約』を結ぶのです。

メーカーとしては、化粧品の使用量（持ち出し）が少ないほど利益が上がることになりますし、お客様も「美顔が維持できる安心感」が得られます。

もし化粧品がＯＥＭ商品であったとしても、利益配分割合を予め設定することで、商品納入企業も化粧品の使用量が少ないほど利益が増えることになります。

また原料購入量を減らすことができるので製造原価が低減し、製造プロセスも小さくて済みます。輸送量も少なくなり、配送に伴う燃料費の削減につながります。

さらに廃棄物量の削減も期待でき、ライフサイクル全体としての環境負荷の低減に寄与します。

当然のことながら、「人が関わる割合が増えて人件費がアップする」「ダウンサイジングするにしても設備投資費用が必要」「新システムに移行するための情報投資や広報コストが発生する」など、多くの問題点が出てくるでしょう。

しかし、この種の問題は必ずクリアできると信じ、できない理由ばかり挙げずに、「どうしたらできるのか？」「他にどのような条件が加われば可能になるのか？」を考えるべきです。

知恵を絞って、「環境に配慮することで買い手も、売り手も、取引先も、社会も、地球も得をするシステムはないか？」を追求してください。

これこそ近江商人の「三方良し」の進化形、『全方位良し』の経営ですね。

ほとんどの企業ができない理由を挙げている間に「できる理由」を見つけて実行に移している企業。これを「先進企業」というのです。

エピローグ2

ある経営者の決意

私の環境経営コンサルティング先に「株式会社スズケン&コミュニケーション」という企業があります。スズケングループは、1970年の創業以来地域No．1の新しいサービスを提供しようと、「商業施設」「賃貸住宅」「医院施設」「注文住宅」といった様々な建築を時代に先駆けて手がけてこられました。そして現在でも、「戸建賃貸事業」「土地＋建物セット販売事業」などに、全力で取り組んでおられます。

社長の鈴江崇文氏は1973年生まれ。2008年10月に就任されたばかりの新進気鋭の経営者です。先代社長の想いを継承しながらも、新たな価値を創造しようと『【暮らし・家計・環境にフィットする新しい価値創造集団】を目指します！』との新経営理念を掲げ、精力的に行動されています。

その鈴江崇文社長に、『環境経営宣言文』書いていただきました。

ぜひとも読者の皆様と共有したいと思い、ここに掲載します。

環境宣言

スズケングループの経営理念は「暮らし・家計・環境にフィットする新しい価値創造集団を目指す」です。すなわちお客様はもちろんこの限りある地球環境にも住まいづくりを通じて貢献できることが私たちの事業目的なのです。

スズケングループは1970年の創業以来地域No．1の新しいサービスを提供してきました。「商業施設」「集合住宅」「医院施設」「住宅」「公共施設」といった様々な建築を時代に先駆け提供してきたのです。

私たちの思考の中には「お客様、地域、地球に最大貢献できる分野であること」「地域No．1となれる革新的分野であること」この2つが存在します。

他者と同じ事で社会に影響力の少ない事は私たちを動かすエネルギーにはなりません。世の中に必要とされる、全く新しいサービスを生み出したいとの想いが私たちを動かす精神でありエネルギーなのです。

「今だけ」「自分だけ」「お金だけ」という風潮の中で倫理観を失い、自分のエゴだけを考えた事業や活動に私たちはとても違和感があります。これからの時代は地球にフィットできない活動や企業は生きていく資格が無いと私は考えています。

またこれからの世の中を良い方向に変革していく立場の一人として、未来の子供たちの為に今の世の中をより豊かなものにして、次の世代の人々に自信を持ってバトンタッチしたいと思います。

環境にフォーカスしてお話をすると、現状のままでは私たちの大切な子供たちに素晴らしい地球環境を残す事ができません。地球環境に影響の高い住まいを提供する立場としてとても責任を感じています。このままではいけないと考え、私たちは以下のスローガンを掲げて環境貢献への取り組みを始めております。

「日本の住まいを変え、環境を変え、子供たちの未来を変える。そして私たちの力で日本の住まいの新しい形を創って日本を驚かせよう」

以上のようなスローガンをベースに『全ての家にミニ発電所を設置しようプロジェクト』を開始しました。

家計への経済的メリットが少なかった太陽光発電を中心に環境商材を私たちと関わる全ての方々に提供していきたいと考えています。コスト改革により機器代をリーズナブルに変え、また毎月の家計へのメリットを増やすために私たち独自の補助金制度を確立しております。徳島を日本一太陽光発電設置率が高いエリアにしていき、そしてその輪を日本中に拡げていきたいと考えています。

新しい価値創造を創業以来続けてきたスズケンの今後の取り組みにご期待下さい。
私は必ず新しい価値を創りだし、子供たちの明るい未来に貢献したいと思います。

２００９年２月１日

株式会社スズケン&コミュニケーション
代表取締役　鈴江崇文

私は鈴江社長の素晴らしい理念に心から共感し、何としてでも想いの実現に役立ちたいと思っています。

環境経営を通して、社会に地球に貢献し、自らを成長させようとする企業と経営者を支援すること。これが私の願いであり、責任であると信じています。ミッション（使命）と言っても過言ではないと思います。

そして、多くの企業と経営者が共鳴し、響き合って素晴らしい未来が創造できたら最高の幸せです。

エピローグ3　感謝の気持ちで幸動する！

私は講演中、いつも笑顔でいるようです。必ずといっていいほど「環境問題のような深刻なテーマなのに、どうしてそんなにニコニコしているのですか？」と質問されます。

おそらく15年ほど前までは、眉間にシワを寄せて声高に語っていたと思います。「怒り」をエネルギーにしていたからです。

しかし、私の場合は「怒りから行動すると、疲れるし長続きしない」のです。私の「怒りから発する圧力」で人が去っていくのに、それを他人や社会のせいにしていました。この時の行動は、何かに対抗しようとする『抗動』になっていたように思います。

そして、ある日「私は〝とてつもない幸せ者〟なんだ」と気づいたのです。

いまでは、「この時期に、この世に生を受け、明るくて美しい未来を創るために活動できること」に心から感謝しています。まさに幸せ気分で活動しているので『幸動』ですね。ニコニコ顔になるのは当然です！

明治維新の志士たちを尊敬し、「自分もあの志士の輪に入っておれば、たとえ短命であったとしても充実した人生が送れたろうに」と羨ましがっている人も多いのではないでしょうか。

でもその必要はありません。いまがその時です。この美しい地球を未来に残せるかどうかの鍵は、私たちが握っているのです。

企業人としては、ライバルの失敗を待ち望むようなセコイ考えは捨てて、ライバルと一緒に成長し、世の中に役立つ商品やサービスを生み出していきましょう！

志士としての大望を実現させましょう！

未来の人たちから恨まれるのではなく、讃えられるような足跡を残しましょう！

感謝の気持ちで幸動する。

これが多くの人を引きつけ、環境問題などの社会問題を解決し、「すべての人（少なくとも大多数の人）が幸せを実感できる社会」を創るために大いに役立つのではないでしょうか。

本当のエピローグ

自分で出したオモチャは自分で片づける

最後の最後に、私が子どものころから感じ、行動基準にしていることを書きたいと思います。これは、前著『目からウロコなエコの授業』（総合法令出版）でもお伝えしましたし、コンサルティングや講演でも必ずお話ししていることです。「耳にタコができた」という方も改めて考えてみてください。

私たち大人は、「自分で出したオモチャは自分で片づけなさい！」と子どもに説教します。しかし大人は、「自分で出したゴミは自分で片づけなさい」と言われると、「お金がかかるからイヤだ」とか「めんどくさい」と拒絶します。現実に、「自分で出した二酸化炭素は自分で処理しなさい」と言われると、「科学的根拠が不明確だ」とかいって、ダダをこねます。

もし子どもが、「オモチャを片づけなければ問題が起こるという科学的根拠を示してよ」と言うと、「屁理屈こねるな！」と叱るでしょう。

子どもは「大人の言うことはせずに、大人のすることをする」のです。こんな当たり前のことが、どうしてできなくなってしまったのでしょうか。

次元の違う話を「科学的議論」とすり替えていないでしょうか。

私自身は、地球温暖化が人為的であろうとなかろうと、科学的に証明されていようといまいと、「自分で出したゴミや二酸化炭素は自分で片付けたい」「片付けるのが楽になるように、始めからゴミや二酸化炭素をできるだけ出さないようにしたい」と思っています。人間として「当たり前の責任」だと思っているからです。

もし、それでも科学的根拠が必要だという人がいたとしたら、私には議論するヒマはありません。

私は、「環境問題の解決のために、難しい科学的議論や哲学的議論は必要ない」と思います。むしろ「環境問題の元凶のひとつ」である「分離や対立」を生み出します。

もっとシンプルに考え、シンプルに実行しましょう。

「自分で出したオモチャは（責任を持って）自分で片付ける」。

これが、人間としての最低限の責任であり、『環境経営の根本精神』だと思います。

さあ、あとは実践あるのみですね。

■著者プロフィール

立山裕二（たてやま　ゆうじ）

1956 年大阪市生まれ、尼崎市育ち。1979 年関西大学卒業。環境・メンタルアドバイザー。小学生の頃より環境問題に取り組み、現在はココロジー経営研究所代表および NGO 環境パートナーシップ協会会長として、行政や企業に提言を行っている。また、全国各地の学校や企業、団体などでの講演回数が1700 回を超えている。
著書に『だれも教えなかった環境問題』『「環境」で強い会社をつくる』『これで解決！環境問題』『あなたの成長が地球環境を変える！』『目からウロコなエコの授業』（いずれも総合法令出版）がある。
経済産業省登録中小企業診断士。

■ココロジー経営研究所

環境貢献と企業経営の両立を支援します。

〒 661-0953　尼崎市東園田町 2-211 カステリア緑翠苑 205
TEL / FAX　06-6493-8716
電子メール　kokorogy@nifty.com
ホームページ　http://www.kokorogy.com

■NGO環境パートナーシップ協会

一人ひとりが自分のできることを実践し、みんなで協力し合って環境を良くし、永続可能な社会を創造することを目的として設立した環境NGOです。

〒 540-0034　大阪市中央区島町 2-1-5-2F
TEL　06-6944-8977
FAX　06-6944-8955
ホームページ　http://www.kankyou-partner.com

立山裕二の好評既刊

目からウロコな　エコの授業

地球環境の危機意識の高まりとは逆に
かえって本質的な理解に混乱が広がっている昨今。
約４０年にわたって環境問題に取り組んできた著者のもとには「何を信じたらいいのですか?」「何をしたらいいのですか?」といった質問・疑問が毎日のように寄せられています。
本書は、これまで著者の元に届いた質問のうち特に多い項目を、『中学２年生の悠太くんの質問に対して、著者・立山裕二が答える』という形で取り上げ、著者なりの見解や実践方法を提示します。

A5 判／ 192 ページ
ISBN978-4-86280-084-8
税込価格 1,575 円 (本体 1,500 円)

第1部　“ どんな ” 環境問題が “ なぜ ” 起きてるの?

第1章　地球温暖化って言うけれど……
そもそも地球温暖化って何ですか?／地球温暖化の最悪のシナリオは?／日本はどうなるんですか?／寒い地域が暖かくなるなら、何も問題ないんじゃないでしょうか?　ほか

第2章　水が足りない！水が飲めない！
水資源の危機って何ですか?／最悪のシナリオは?／水「資源」って言うほど大切なものなんですか?／水資源の危機の原因は何ですか?　ほか

第3章　森林が破壊されている
森林破壊って何ですか?／最悪のシナリオは?／森林にはどんな働きがあるんですか?／森林にも種類があるって聞いたことがあるんですが　ほか

第2部　環境 “ 問題 ” はなぜ解決しないの?

第1章　どう考えたらいいの?
エコ活動の際、押さえるべきポイントはどこですか?／最悪のシナリオを避けるためには?／リサイクルについてが分かりません／ゴミは燃やしていいんですか?　ほか

第2章　目からウロコのエコ発想
エコ活動を楽しくするポイントは?／どういうふうに伝えればよいのでしょう?／いろんな反論をされるのですが……

第3章　何をすればいいか、本当は誰でも知っている！
環境問題は難しいですか?

利益を生みだす「環境経営」のすすめ

2009年4月10日　初版発行

著　者　立山 裕二
装　丁：冨澤 崇（EBranch）
発行者　野村 直克
発行所　総合法令出版株式会社
〒107-0052　東京都港区赤坂1-9-15　日本自転車会館2号館7階
電話　03（3584）9821
振替　00140-0-69059

印刷・製本　中央精版印刷株式会社

ISBN978-4-86280-135-7